G-AI
最高成效工作法
新世代的職場超能力，一次搞定精準指令

法學博士 錢世傑 — 著

前言

● 生成式 AI 的浪潮與實用指南

　　生成式 AI 的發展日新月異，筆者有幸在過去一年半中，透過各種課程與工作坊，親身體驗並見證了它的快速進化。迄今，筆者已教授超過 1,000 人次的生成式 AI 課程，其中包括一場百人規模的 AI Bot 設計工作坊，在近十位助教的協助下，成功完成課程的各項目標。

　　生成式 AI 的生態圈變化之迅速令人目不暇給。例如，以前需要將 PDF 檔案轉換為文字格式才能供 AI 閱讀，現在只需將檔案直接丟入對話框即可；圖片辨識問題也已因 AI 工具的進步而迎刃而解，像是 Claude 對圖片的辨識率令人驚艷；而大檔案的讀取限制，如繁瑣的判決書分析，也因 NotebookLM 等工具的出現變得輕鬆許多。

　　正因如此，寫一本關於生成式 AI 的書可能會面臨過時的風險。然而，經過一年多的觀察，筆者發現某些核心指令的變化相對穩定且具實用價值，值得集結成冊。

　　本書的目的正是希望將筆者累積的經驗與實踐，轉化為一本實用手冊，為讀者節省搜尋散落各地資料的時間，並能快速應用於工作與學習中。

● 生成式 AI 的應用：突破傳統的工作模式

　　生成式 AI 不僅是一項技術，更是改變工作與生活模式的強大工具。本書除了介紹實用指令外，還會著重於多元化的應用場景，以下是幾個實例：

① **投資理財的資料整合與分析**

　　如何快速整合季報、法說會資料、財務分析數據以及相關新聞資料？本書將分享透過生成式 AI 有效整理這些資訊的方法，讓投資決策更高效、更準確。

② **法律工作中的圖像化與流程簡化**

　　對於律師而言，生成式 AI 可協助繪製複雜的判決人物關係圖、犯罪流程圖與時序圖，讓繁瑣的分析工作變得直觀且迅速。本書將提供具體案例與操作指導，幫助讀者減輕負擔。

③ **提升日常工作效率**

　　許多人尚未充分體驗生成式 AI 的便利，因此仍停留於傳統的工作方式。本書希望打破這種思維慣性，分享生成式 AI 如何在寫作、數據分析、視覺化呈現等領域提升效率，成為現代工作者的必備工具。

　　本書的重點不僅在於傳授技術，更在於分享如何將生成式 AI 與實際需求結合，減少摸索的時間與經歷的挫折。希望透過這本書，幫助讀者掌握生成式 AI 的精髓，為自己的工作與生活開創更多可能性。

錢世傑

中華民國 114 年 5 月

CONTENTS

前言

序篇：未來所有人必備的技能

01 法律產業的AI革命 ········· 16
    AI 的技術進化歷程
    生成式AI 在全球法律實踐中的應用
    預測未來職業變化：機會與挑戰
    生成式AI 的深度應用
    兩年一篇變成一年四篇
    喝醉酒、頭暈暈怎麼看判決？
    學會與生成式AI 溝通：未來法律人的必備技能
    各界對於生成式AI 技術之發展

基礎理論篇：什麼是生成式AI？

02 生成式AI ········· 30
    什麼是生成式AI？
    生成式AI 的優點？（文本生成、對話）
    生成式AI 的疑慮：騎馬的人不屑開車的
    生成式AI 的限制？

03 常見的生成式AI 工具 ········· 38
    ChatGPT 的風潮
    其他常見的生成式AI
    生成式AI 的未來應用：機器人
    掌握指令工程學

04 指令結構 ········· 48
    五大結構重點
    指令範例
    參數設定

初階應用篇：辦公室的基礎文字工作

05 文件審核與校對 ········· 58
    文件審核與校對的重點
    指令格式與範例
    生成式AI 的優勢與挑戰

06 撰寫公文 —— 68
轉變：從30年公文經驗到生成式AI的應用
公文的格式
AI 在公文撰寫中的應用
指令格式與範例
從撰寫者變成審核者

07 撰寫書信（以電子郵件為例）—— 76
電子郵件撰寫，辦公室必備技能之一

08 會議紀錄 —— 80
新手的困擾
從混亂到重點清楚的會議紀錄
會議紀錄的種類
錄音→轉錄文字
指令格式與範例：製作會議紀錄的文字摘要

中階應用篇：辦公室的中階文字工作

09 撰寫致詞稿、聲明書、新聞稿 —— 90
剛破案，馬上就要發布新聞
指令格式與範例（如果對象是宗教團體）

10 彙整民眾意見、抓緊輿情反應 —— 96
情境：輿情很重要
現代解決方案
使用生成式AI 辨識、彙整、分類民眾意見
指令格式與範例

11 翻譯 —— 102
情境：生成式AI 如何優化跨語言業務溝通
生成式AI 的翻譯流程與優勢
指令格式與範例

12 簡報檔製作 —— 108
簡報不是主角，是幫助你達成目標的輔助工具
簡報檔的基本結構
利用生成式AI 製作簡報
善用簡報專業工具

CONTENTS

13 流程圖製作 ———— 116
從生活中的流程圖開始，讓繁瑣變得清晰
應用範圍與生成式AI 的優勢
書籍製作到書店銷售的流程範例
繪製流程圖的步驟

高階應用篇：辦公室的超強戰力

14 招募人才分析 ———— 124
情境：遇到女性就扣分的系統！？
招募與篩選人才的過程
會不會有偏見？

15 計畫編撰 ———— 128
接下這個神秘大計劃後，我該怎麼辦？
生成式AI 真的能成為你寫計畫的最佳幫手！
與生成式AI 討論，逐步調整計畫內容
協助預算分配規劃

16 EXCEL 輔助 ———— 136
從Excel 初學者到數據分析高手
過去學習的困境
生成式AI 如何幫助使用者
特定功能
函數

17 VBA ———— 142
透過生成式AI 掌握 VBA 自動化
生成式AI幫忙撰寫VBA，並以繁體中文解說程式碼
VBA 提升工作效率的實用範例
指令格式與範例

18 程式撰寫 ———— 148
生成式AI 如何幫助使用者學習程式
完成特定任務
什麼是Colab ？
如果這一段程式碼無法執行，那該怎麼辦呢？
直接生成一個計算機網頁介面
改進或修正錯誤的程式碼

特殊應用篇

19 文件與圖片上傳 ······· **158**
過去文件分析辨識的方式與困境
生成式AI 如何幫助文件分析和辨識
指令格式與範例

20 蘇格拉底問答法 ······· **162**
電車難題
蘇格拉底式問答法的技巧分類
讓大語言模型變成Michael Sandel 教授
Claude 專案，執行效果也不錯
後記：哪一個答案可以說服我！？

21 思維鏈、偽代碼的技巧 ······· **174**
思維鏈，解決答案錯誤的問題
台北今天有放颱風假嗎？
偽代碼：訓練推理思維
為什麼在法律邏輯中使用偽代碼？
Graph of Thoughts（GoT）

22 國家考試應用分析 ······· **155**
英文單字出現次數
AI 設計一個Python 分析程式
執行錯誤時，請生成式AI 除錯
上傳英文考題文字檔
Excel 檔案分析與篩選
指令格式與範例：實務重點摘要
指令格式與範例：三段論法
繪製體系圖
AI將詰屈聱牙的教材，轉成輕鬆易懂的語音摘要

23 對話功能應用（語文學習） ······· **200**
生成式AI 改變語文學習的一場口語革命
過去學習語文的方法與困境
生成式AI 學習語文的大改變
輕鬆上手英文作文

CONTENTS

24　對話功能應用（偵訊模擬） ……………………… **206**
　　偵訊模擬情境：第一次詢問手在發抖！
　　指令格式與範例

25　移送書、判決書套用 ……………………………… **210**
　　情境：輸入關鍵資料就能產生移送書？
　　過去偵辦案件的流程
　　一鍵生成的時代來臨

26　判決內容分析 ……………………………………… **216**
　　過去分析判決的流程
　　生成式AI 可以輔助的項目
　　時間線、人物關係圖、犯罪流程圖
　　會不會發生錯誤？
　　實作案例：詐欺案有罪無罪之差距
　　實作案例：柯文哲起訴書的分析心得
　　如何圖片轉成文字？
　　建立專案、開始分析

論文研究領域發展篇

27　論文題目、大綱撰寫輔助 ………………………… **236**
　　過去論文題目、大綱的工作流程與困難之處
　　現在利用生成式AI 的工作流程，優勢

28　分析文獻 …………………………………………… **242**
　　過去分析文獻的工作流程與困難之處
　　現在利用生成式AI 的工作流程，優勢
　　投稿與快速研讀文獻的經驗
　　利用Claude 專案，建立內部指令

投資理財篇

29　財務分析篇 ………………………………………… **250**
　　先從技術分析開始
　　多元化呈現方式：現金流量表
　　使用我的規則分析：現金流量表
　　生活案例說明
　　估值，為什麼股票買貴了？

30　解析財經新聞篇 262
　　從一張截圖開始
　　先辨識 → 驗證內容 → 再解讀
　　正式解讀階段
　　新聞與財務數據交叉比對
　　我最常使用的流程

生成式AI 導入組織策略篇

31　導入策略與模式 270
　　情境描述
　　學校、機關、企業該如何導入？
　　導入的第一件事情：盤點工作
　　第二件事情：釐清工作流程
32　放在電腦桌面的常用指令（Prompt） 276
　　使用情境
　　第一步：建立自己的指令庫
　　第二步：設計一個HTML 檔案
　　我如何分析一檔股票的季報等數據？

結語

33　倫理和法律考量 284
　　隱私保護
　　數據安全
　　偏見與透明
　　法遵要求與法律責任

附件

　計畫編纂AI 生成範本 290
　　X 海公司台北分公司年終尾牙活動計畫

序 篇

未來所有人的必備技能

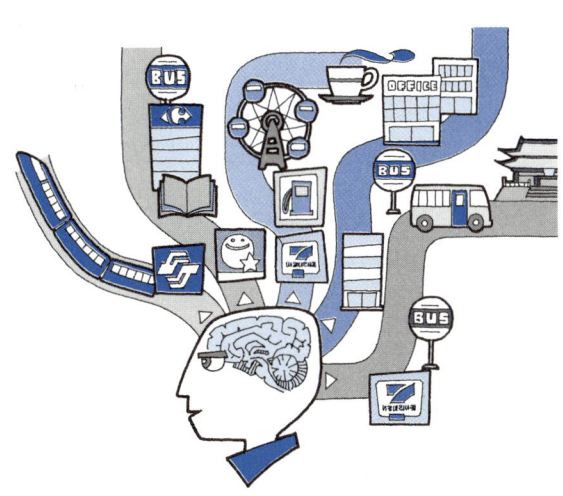

第1章 法律產業的 AI 革命

● AI 的技術進化歷程

在討論法律產業中 AI 的革命性應用之前，了解 AI 技術的進化歷程尤為重要。這不僅有助於我們理解當前技術的成熟度，也能更好地預測其對未來法律實踐的潛在影響。

・AI 技術的早期發展

AI 的旅程始於 1950 年代。當時，科學家們剛剛開始探索如何讓機器"思考"。一個經典的例子是阿蘭・圖靈（Alan Turing），他提出了著名的"圖靈測試"[1]，旨在判斷機器是否能展現出與人類相似的智能。雖然這些初步的嘗試主要是理論性的，但它們為今天我們看到的複雜系統奠定了基礎。

2017 年 Open AI 公司研發出來的 AI 程式也在世界級別的電玩比賽中擊敗人類，以及據稱通過「圖靈測試」，可以打電話向髮廊預約的 Google Duplex。這些人工智慧僅代表在某一領域（圍棋、遊戲、預約），機器表現出符合「智慧」的表現，如同 Google 母公司 Alphabet 董事會主席軒尼斯所述「在預約領域中通過了圖靈測試」[2]。

---

[1] 圖靈測試由英國數學家艾倫・圖靈於 1950 年提出，其提出所謂「模仿遊戲」的評估機制，人類分別與隱藏在螢幕後方的電腦與人類進行簡短的對話，能否準確辨識出機器和人來決定是否通過測試。Bigdatadigest，ChatGPT 攻破圖靈測試，是時候找個新方法評估 AI 技術了，https://www.techbang.com/posts/108428-chatgpt-turing-test-ai。（最後瀏覽日 2023 年 11 月 24 日）

[2] Richard Nieva, Alphabet chairman says Google Duplex passes Turing test in one specific way, https://www.cnet.com/news/alphabet-chairman-says-google-duplex-passes-turing-test-in-one-specific-way-io-2018/.（最後瀏覽日 2023 年 11 月 24 日）

隨著時間的推移，AI 技術逐漸進步。到了 1980 和 1990 年代，專家系統開始出現。這些系統能在特定領域模擬專家的決策過程，例如醫學診斷或礦物勘探。然而這些系統的靈活性有限，因為它們依賴人工輸入規則，難以適應多變的情境。

・生成式 AI 的崛起

生成式 AI 的出現，尤其是 2022 年 11 月 OpenAI 推出的 ChatGPT，或者是我常用的 Claude，改變了我們對 AI 的認知。透過訓練於海量數據集的「大模型」，這些 AI 工具可以生成自然且有結構的文本。

例如，ChatGPT 不僅能進行一般對話，還能模擬法律文件的格式和語氣，協助撰寫合約、法律意見書等。

● 生成式 AI 在全球法律實踐中的應用

・國際法律實踐的崛起

生成式 AI 在全球法律領域的應用越來越廣泛，例如：
- 美國的法律科技平台利用 AI 進行訴訟策略建議和法遵性審查。
- 歐洲的法律事務所使用 AI 工具草擬契約並進行風險分析。

・法律產業中的應用情境

1. 判決分析與摘要：生成式 AI 能快速分析長篇判決書，提取核心內容，幫助律師節省時間。
2. 圖像化工具：繪製人物關係圖、犯罪流程圖、時間軸等，將複雜案件簡化為直觀視覺化資訊。
3. 文書自動化：校正錯誤、生成合約、備忘錄和法律意見書，減輕律師助理的重複性工作。

● 預測未來職業變化：機會與挑戰

・AI 驅動的自動化與提升

隨著生成式 AI 的飛速發展和少子化問題的日益嚴峻，未來職場將迎來前所未有的轉變。這些轉變既帶來了新的機會，也伴隨著挑戰。生成式 AI 具備顯著提升效率、降低人力成本的潛力，尤其在少子化的時代，無間斷服務的特性更顯其價值。

・從餐廳的自動化作業說起

自動化作業早已在餐飲業中嶄露頭角，並且正在深刻改變傳統工作模式：

1. 線上訂位的普及

過去，訂位需要顧客撥打電話，由櫃台專人接聽並安排時間。現在線上訂位系統已取而代之，顧客只需連接網路或掃描 QRCode，便能輕鬆完成訂位，不僅減少櫃台人員的壓力，也提升了顧客體驗。

2. 網路點餐的便利

傳統的點餐方式通常由服務員親自到桌前接受顧客點餐，過程中難免因顧客猶豫而延誤。但在網路點餐系統中，顧客可以隨時瀏覽電子菜單，自由選擇所需項目並提交訂單，點餐資訊直接傳至廚房與結帳系統，服務生印出客戶點餐內容，再次請客戶進行確認，效率大幅提升。

> 傳統：客戶入座→服務員點餐→送至廚房→廚房看到餐點內容→製作餐點→出餐→服務生送至客戶
> 現在：客戶入座→系統點餐→廚房→看到餐點內容→製作餐點→機器人出餐

機器人送餐、廚房自動化烹飪、咖啡機自動沖泡等技術的應用，也在逐步取代傳統的人工操作。這些自動化技術能顯著降低餐飲業的人力需求，同時保持穩定的服務質量。

● 生成式 AI 的深度應用

生成式 AI 的能力遠不止於基本的自動化，還可以進一步拓展到人機交互的領域，取代一些更複雜的人力需求：

1. 智慧客服系統

AI 客服系統能快速解答顧客問題，如訂單查詢、配送進度，甚至是點餐指導，大幅降低真人客服的工作量。同時，AI 系統能在處理常見問題時不斷學習，逐步提升應答質量。

2. 個性化點餐建議

基於顧客過往的點餐紀錄和偏好，AI 能提供精準的推薦，優化消費者體驗。例如，為顧客推薦餐廳當日特色菜或新推出的餐點，提升點餐過程的便利性與滿意度。

3. 跨產業應用

在其他行業，生成式 AI 同樣展現出高度適應性，例如法律文件分析、自動生成契約草案，或在金融行業進行法遵性審查與風險評估。

AI 驅動的自動化正在快速改變傳統行業，從餐飲業到服務業，再到專業領域，都可以看到生成式 AI 帶來的效率革命。雖然技術取代了部分人力需求，但它也釋放了人類的時間與精力，為專業創新與高階思考提供更多空間。面對這股浪潮，掌握生成式 AI 的應用將是個人與企業在未來職場中脫穎而出的關鍵。

● 兩年一篇變成一年四篇

撰寫法律文章的流程大致包括以下幾個階段：

決定主題
▼
搜尋文獻
▼
文獻分析
▼
撰寫大綱內容
▼
修正
▼
完成稿件

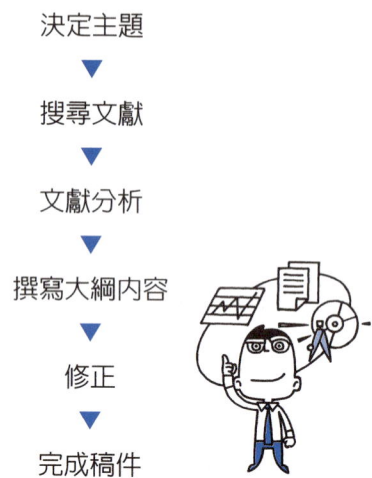

其中，最耗時的部分是：

1. **文獻分析**

   - 外文文獻：由於法律領域中大量文獻以外文呈現，非母語的閱讀對研究者來說極具挑戰，需要耗費相當多的時間去理解與篩選有用資料。
   - 中文文獻：即使是中文文獻，也往往需要通篇細讀才能判斷是否有價值引用。完成一篇文章可能涉及三十甚至五十篇文獻的閱讀與分析。

2. **撰寫大綱內容**

   - 雖然生成式 AI 能快速生成基礎內容，但它並不能取代作者提供的核心素材和個人見解。更準確地說，AI 如同

「廚師」，需要「食材」（素材）來進行烹飪，否則生成的內容容易顯得空洞，缺乏深度。

・生成式 AI 如何改變工作流程？

生成式 AI 在上述兩個階段的應用，顯著縮短了時間：

1. 文獻分析快速抓到重點

- AI 工具能快速分析文獻，提取關鍵概念與重點段落，幫助我從零到八十分。同時，AI 自動比對哪些文獻對我目前進行的文章是有幫助的，也會建議如何融入我要投稿的文章。

2. 大綱撰寫的輔助

- 在提供素材後，生成式 AI 能根據我的需求生成具有結構性的初稿，包括各段落的邏輯框架和論點提示。我只需在此基礎上進一步調整與補充，不斷加入新的素材，並且請生成式 AI 持續將舊有資料與新資料潤飾，即可形成完整文章。

● 喝醉酒、頭暈暈怎麼看判決？

　　律師行業雖然收入可觀，但工作壓力也十分巨大。除了日常的案情準備，還需要應付頻繁的應酬，常常在應酬後的狀態下，仍需處理繁重的判決分析與狀紙準備。

・生成式 AI 在此類情境下展現了強大優勢：

> ・快速抓重點：生成式 AI 如同一位助理，能在短時間內提取判決書中的核心內容，幫助律師快速掌握案情。
>
> ・角色轉變：律師從「分析者」轉變為「審核者」，僅需檢查 AI 助理提取的資訊是否正確，並進行細部調整，節省了大量時間。
>
> ・提升文書品質：生成式 AI 不僅能協助完成判決摘要，還能生成符合專業標準的法律文書草案，大幅降低初稿撰寫的門檻。

・從人力密集到智慧輔助的轉變

　　過去，律師事務所可能需要聘請多名助理，協助進行文獻檢索與分析。然而，生成式 AI 的出現改變了這一現狀：

1. 助理角色的變化

　　AI 工具如同一位得力助理，可以高速完成文獻整理與判決分析工作，讓律師專注於訴訟策略設計與最終審核。

2. 時間與成本的降低

　　以往需要耗費數天完成的文書分析，現在只需幾小時甚至幾分鐘即可完成。這不僅減少了人力需求，降低了整體成本。

生成式 AI 正在重新定義法律專業的工作方式。它讓繁瑣的分析工作變得高效，讓律師從機械性的工作中解脫出來，專注於優化法律策略與決策。同時，隨著技術的不斷進步，我相信生成式 AI 將在更廣泛的法律場景中發揮作用，成為每一位法律人的得力助手。

● **學會與生成式 AI 溝通：未來法律人的必備技能**

生成式 AI 的進步不僅改變了法律專業的工作流程，也帶來了全新的可能性。在法律實務中，生成式 AI 的應用範圍從判決分析到結果預測，再到與客戶的互動，都展現了其強大的潛力。

隨著生成式 AI 在法律領域的廣泛應用，法律人需要掌握與生成式 AI 互動的能力，這不僅包括指令等技術的使用，更涉及如何有效地管理和應用這些工具。

1. 與生成式 AI 溝通

生成式 AI 的表現依賴於指令的質量。法律人需要學會如何清楚、具體地設計 AI 指令，確保 AI 生成的內容符合專業需求。例如，提供完整的背景資訊和精確的指令描述，可以顯著提高 AI 生成結果的準確性。

2. 工具管理與技術應用

除了基礎的指令撰寫，法律人還需具備管理生成式 AI 工具的能力，譬如說想要產生犯罪流程圖，Claude 就優於 ChatGPT，想要處理大型檔案，如果 Claude 無法處理，那就要試試看 NotebookLM 是否可以處理。

了解生成式 AI 的局限性與潛在風險，並在必要時進行人工干預，落實「驗證」程序，以保證結果的可信度。

3. 法律教育的轉型

法律教育也需與時俱進，將生成式 AI 的應用納入課程內容。未來的法律課程應涵蓋以下主題：

- 生成式 AI 的基本原理
- 如何撰寫高效的 AI 指令
- AI 在法律實務中的應用與挑戰
- 技術應用的倫理與法律風險

我目前在學校教授科技創新與 AI 導入相關課程，這些課程的核心之一是教導學生如何與生成式 AI 溝通。

例如，我會教導學生在預設指令區中輸入下列內容……

我的Prompt

#規則一

當我寫下參考文獻的編號時，如第XX篇，請依序完成下列工作：
- 第一步：將該編號文獻基本訊息與架構列出，題目列出後還要在後面的括弧中翻譯成繁體中文，列出摘要與重點整理。
- 第二步：與我投稿的文章是否有關連性，如果有關連性且有可以引用之處，請生成出一段建議融入我投稿文章的文字。
- 第三步：告訴我該如何引註。引註格式是bluebook。
- 第四步：針對參考文章的見解提出不同面向、不同角度的看法。

這時候，只要你把要分析的文獻，檔名前面編號，譬如說45_XXX.PDF，然後把檔案上傳，指令列只要輸入「第 45 篇」或直接輸入 45 均可，就會執行上述第一步至第四步的動作，有點兒像是早期我們編寫的批次檔 (batch) 一樣，效率會更高。

● 各界對於生成式 AI 技術之發展

・政府全力推動 AI 的時代

還記得 2022 年尾聲，生成式 AI 甫開始突破瓶頸、初試啼聲，接著如野火燎原般在世界各國蔓延開來；經過一年半的開展，當時新政府才準備上任，時任行政院長卓榮泰上任之初，就不斷強調面對 AI 人工智慧時代的機會與挑戰，要能幫助台灣的中小企業、大型公司、乃至跨國產業，找到生存與成功的關鍵，落實「AI 產業化、產業 AI 化」，同時打造產業的「創新創業雨林生態系」，成為台灣的「護國群山」[3]。

行政院逐步落實未來規劃，政府在政策、法規、執行三方面做出努力，象徵台灣要從科技製造大國成為 AI 運用、提出解決方案的輸出國[4]。

在政府的大力引導下，這將是未來的一大重點趨勢，我們若能站在浪潮上前行，成功機會將會大大增加。

・AI 導入的契機與挑戰：從尷尬到突破的成功之道

想像一下，在公司全體幹部會議上，老闆充滿熱情地闡述公司對 AI 導入的美好願景，並要求各單位提出自己的導入方案。然而，大多數部門毫無準備，場面一度冷清，而你作為重要成員也被點名發言，卻因未曾考慮過相關問題而感到無比懊悔。

接著，老闆略帶不滿地要求各單位兩週內提交具體方案，大家回去後開會討論，卻仍然毫無頭緒。如果這樣的情景真實存在，那麼這既是挑戰，也是一次絕佳的機會——或許正是改變你職場命運的關鍵轉折點。

---

[3] 民主進步黨新聞中心，內閣第三波人事名單 卓榮泰：以「智慧創新」核心，發揮「AI 力即國力」的企圖心，https://www.dpp.org.tw/media/contents/10773。

[4] 呂晏慈，科技預算增 14.9% AI 佔百億 卓榮泰：轉型解決方案輸出國，工商時報，https://www.ctee.com.tw/news/20240807701190-430101。

- 市場競爭中的差異化機會

　　市場上，已有不少企業在生成式 AI 的服務與應用上領先一步，這可能讓人覺得難以追趕。然而，我們並非必須與他們在技術上正面交鋒。生成式 AI 的真正的競爭優勢，往往來自於創意與應用場景的設計，而非單純的底層技術優越性。

　　即便我們並不擁有最前沿的技術，只要能提出具體應用點子，就依然可以在這場競爭中佔有一席之地。例如：

- 如何分析難懂的上市櫃公司季報。
- 開發能優化內部流程的應用，例如智慧客服系統、文件生成助手或決策支援工具。
- 如何自動化新聞分析摘要，自動製作行銷日報並 Email 給客戶。

- 法律界的先行者優勢

　　以我身處的法律界為例，這個行業對資訊科技的接受度向來偏慢，卻也因此成為早期採用者的絕佳機會。當其他人還在摸索生成式 AI 的可能性時，我們已經搶先一步：

1. 產品設計：尋找專門適用於法律文本分析的 AI 工具，譬如說我發現 Claude 可以繪製人物關係圖、時序圖、判決思維關係圖、犯罪流程圖等，非常適合法律人應用。
2. AI 規範研究：我在 2018 年就開始發表自動駕駛，2023 年之後也陸續發表生成式應用的法律文章，率先研究數據保護、個人隱私與系統歧視的法規範，為生成式 AI

> 的合法應用奠定基礎。
>
> 3. 教育普及：推動相關技術的普及與應用，藉由每年140堂線上或實體課程，讓相關知識可以不斷紮根，又如提出如何解決課後輔導的需求。

這些努力不僅提升了我們的核心競爭力，也讓我們在行業內樹立了創新的形象。

如果你認同生成式 AI 的潛力，並希望在職場上搶佔先機，那麼提前做好準備至關重要。本書正是為此而生，提供了豐富的背景知識、應用案例和實用指導，幫助讀者從零開始掌握生成式 AI 的技術與思維，並啟發如何將其應用於不同的行業場景。

不論你身處法律、商業、教育或其他領域，只要有創意與行動力，就能在這場 AI 浪潮中脫穎而出。讓我們一起邁向這個充滿可能性的未來！

基　礎　理　論　篇

什麼是生成式 AI ？

第 2 章　生成式 AI

● 什麼是生成式 AI？

　　是指能夠根據要求創建新的內容、數據或模式的人工智能技術（Generative Artificial Intelligence，簡稱 GeneAI，本文稱之為「生成式 AI」）。這類 AI 系統通過學習大量現有數據，理解數據的深層結構和規律，進而能夠以最佳化的內容生成輸出。生成式 AI 技術包括自然語言處理（Natural Language Processing，簡稱 NLP）模型、圖像生成模型、音樂創作系統等，廣泛應用於聊天機器人、內容創作、設計輔助等領域。

● 生成式 AI 的優點？（文本生成、對話）

・文本生成與分析：

　　生成式 AI 模型如 GPT（Generative Pre-trained Transformer）能夠基於使用者的提示語（Prompt，也稱之為「指令」）生成連貫、有說服力的文本。這使其在分析文獻、撰寫文章、生成報告或創作文學作品等方面非常有用。

・對話能力：

　　生成式 AI 可進行自然而流暢的對話交互，適用於客服機器人、虛擬助理及教育應用，像是法律人常採用的蘇格拉底式教學法，一步一步地引導學生進行學習，提供即時回答和互動支持，都是生成式 AI 所擅長。

● 生成式 AI 的疑慮：騎馬的人不屑開車的

　　每次在介紹生成式 AI 應用時，一定會聽到一種反對的聲音，其論點大概是在講說 AI 產生的都是假的，不可信任，要不然就是說寫論文應該自己寫，不可以讓 AI 自動產生。

每次聽到這兩個主張，這大都是誤以為生成式 AI 當作是全能的人類，因為太多人這樣子想了，每次要解釋起來就很辛苦，在此特別說明一下。

① 生成式 AI 顧名思義就是會「無中生有」一些內容，並不是從資料庫提取資料，使用者誤將生成式 AI 當作資料庫，自然會對於生成內容認為不可靠。舉一個例子來說，譬如下一個提示語：「17 歲高中生參加學校社團是否需要經過法定代理人同意？」生成式 AI 可以講得頭頭是道，引用許多法條，但查了一下其所引用的法條卻不存在，出錯的機率非常高。因為生成式 AI 的訓練資料未必有我國的民法規定，即便有，也可能過時，因此如果要讓生成式 AI 進行分析，就必須要<u>提供相關法條作為分析的背景</u>，沒有提供相關法條，生成式 AI 分析的結果經常出現「無中生有、產生幻覺」。

② 寫書、寫論文方面，很多時間都在把我們的想法轉換成文字，但因為打字速度有限，所以寫書、寫論文總是搞得研究人員生活品質很差；生成式 AI 橫空出事之後，我只要告知思維邏輯、想要撰寫的方向，希望有哪幾個重點，然後給予文字素材、告知寫作的風格，就可以交給他幫我們炒菜，讓科技幫我們處理這些制式流程，並不是從 0 到 100 都是 Gene-AI 幫忙產生。

從 0 到 100，全部由生成式 AI 生成也不是說不行，但產出的內容很「空洞」，就像是法律人說話一樣，看似滿滿豐富的內容,但仔細回想起來似乎什麼都沒講,沒有意義。使用者必須要提供論文撰寫的素材、方向、重點,才可以在很短的時間內撰寫完成一篇論文,即便撰寫完成,我還是需要一個月去慢慢修飾。

因此,真正撰寫出一本好書、一篇好的論文,透過生成式 AI 可以幫我們省下文獻分析(1 個月縮減為 1 天)、文字炒菜的時間(1 個月縮減為 1 天),然而進階修正需要「反覆琢磨」(1 個月縮減為 20 天),這是論文撰寫的核心部分,還是很難被取代。

工作項目	傳統寫論文	Gene-AI輔助撰寫
文獻分析	30天	5天
架構與基礎文字	30天	1天
進階修正	30天	20天
總計	90天	26天

時代的演進,一定有很多科技可以幫助我們更好、更快,汽車發明之後,馬車車夫就被取代了。Gene-AI 時代改變了什麼?Gene-AI,讓我有更多時間放在關鍵點,一些低端、反覆出現的工作,交給他就好了。

● 生成式 **AI** 的限制?

・問什麼,錯什麼?

參加過一場聚會,有位頂著法律博士的與會者聊到 ChatGPT 並不可靠,我靜靜地聽著這位老兄的論點,主要是 ChatGPT 提供錯誤的法律條文、判決,所以不值得花時間學習;如前文所述,生成式 AI 會有無中生有的問題,稱之為「幻覺」,而這位與會者卻未善用 ChatGPT,並將其缺點放大而拒絕使用。我當時心裡想,這位老兄所講的應該是以下情況:

指令	回答	驗證
・資通安全管理法第35條的規定為何？	・資通安全管理法第35條 公務機關或非公務機關之資通安全長、資訊（通訊）安全長、資訊長、資訊執行長、資訊主管、資通安全專責人員及初級資通安全專業人員，應於到職或人員異動後一年內，至少接受十二小時以上之資通安全專業課程訓練或資通安全職能訓練……	資通安全管理法總共只有23條 →系統自動生成不存在的法條
請問112年台上字第95號民事判決的內容	我很抱歉，我沒有直接存取台灣司法院判決書資料庫的能力，所以我無法直接提供112年台上字第95號民事判決的完整內容。不過，我可以為您解釋一下這個判決編號的含義，以及如何查找這份判決…… 抱歉，我無法直接查詢特定的法院判決內容，包括最高法院112年台上字第95號民事判決。如果您需要該判決的具體內容，建議您透過法院的官方網站、法律資料庫或者專業法律顧問來尋求相關資訊。	無法協助搜尋資料 無法協助搜尋資料 如果是付費版，則會提供《法學資料檢索系統》的網址。 有些回應會直接產生一個不存在的判決

為解決生成式 AI 會產生幻覺的問題，很多生成式 AI 都會先上網找資料，再將找到的資料回復，正確性確實提高不少，但在詢問法條這方面還是有很多困境，例如：

① 不想回答：例如有一次我詢問 Gemini 一個小問題「資通安全管理法第 16 條」，有時候它很有個性的只回答「我只是文字型人工智慧，幫不了這個忙。」有時候又能夠部分回答（總共三項，卻只說出第 1 項）、完全正確回答，Gemini 欠缺穩定性。

② 不存在的條文自行創立內容：如上表，資通安全管理法並沒有第 35 條，Claude 就自行產生條文內容。

③ 內容正確、條號錯誤：譬如說明明是第 12 條，但跑出來的卻是第 26 條。。

・幻覺，只是一種天性

這就是一般所謂的「幻覺」，生成式 AI 會產生貌似事實的虛假或誤導性資訊，或者是片段式的內容；或許還是不太能理解，我舉一個簡單的例子，我在中央大學上「商事法」的課程，當我向學生一條一條地說明公司法，經過不斷地訓練，學生學到了大量的公司法條文後，會自行尋找其中的邏輯，如果有人問他類似的問題，就可以用最佳回應回答相關問題；這一個訓練過程，並不是為了確保學生能夠一字不漏地說出公司法的內容，即便都記得每一個條文，也無法確保法條內容的正確性，

生成式 AI 是依賴大批並非即時更新的訓練資料，培養與人溝通的對話能力，並以機率作為最佳回復的內容，因此並不是存取資料庫的實際內容後回復，而只是單純覺得這樣子的回答是「最適解」，存在「幻覺」這件事情也就屬於理所當然了。

這個問題必然能逐步改善,譬如說現在很多生成式 AI 增加搜尋的功能,雖然搜尋的結果也未必正確,但至少正確的機率會比較高,而且有些 AIBOT 的平台機制,也開放使用知識庫或串接外部資料庫的方式,例如 RAG 模式,稱之為「檢索增強生成」(Retrieval-Augmented Generation),就是一種先參考可靠資料庫資料後,再利用生成式 AI 的大型語言模型進行回應,更強化了回應資料的正確性,降低錯誤的機率。

　　現在很多生成式 AI 也有「專案」功能,可以上傳資料,或者是對外搜尋資料後再行回答,都可以緩解這個問題。但就像是你聘請的助理,無論如何叮囑都還是可能出錯,因此「驗證」生成式 AI 產出結果的正確性就非常重要,確認其確實是依據資料所產出,產出的結果並沒有錯誤解讀,如果有異常要請其「再次自行確認」,譬如說可以下指令:請再次確認資料正確性,正確者打勾,錯誤者打叉。

- 總之，執行下列機制以避免無中生有、錯誤解讀的情況發生：

  ① 抱持著懷疑的態度：使用之初，要不斷地進行驗證內容，譬如說生成式 AI 提供其所查詢的資料來源，如網站時，對於這些網站是否真的存在有生成式 AI，要進行確認，久而久之，大概就能掌握住生成式 AI 的限制。

  ② 明確使用條款和範圍限制：在 AI 系統中設置明確的使用條款，清楚告知用戶哪些查詢是 AI 能力範圍內的，哪些可能需要專業人士的介入。這不僅可以避免錯誤資訊的傳播，也能提升用戶對系統的信任和滿意度。甚至於婉拒查詢，譬如說在 AIBOT 的內部指令中，加上一段：如果使用者詢問法條時，應婉拒查詢，並表示本系統可能會產生虛擬不存在的法律條文或判決。

  ③ 用戶教育和透明度：提高用戶對生成式 AI 能力和限制的認識同樣重要。建議通過用戶教育活動和透明的溝通策略，讓用戶了解 AI 如何工作、擅長之處，以及它在處理特定查詢時可能遇到的限制。這可以通過線上研討會、教育性文章、使用指南等形式進行。

根據以上的說明，我相信大家應該可以掌握生成式 AI 有一些使用上限制的特性，也可以透過一些措施，最大程度減少生成式 AI「幻覺」內容產生的潛在風險，以發揮其在各領域的創新和應用價值。

條文引用驗證機制：

① 每當回答涉及條號，必須提供條文原文。若是涉及實務判決的見解，也必須提供判決原文上下文。

② 在比對後應明確標註：

「☑ 已與檔案比對無誤」：當條文與檔案完全一致。

「⚠ 未在知識庫中查到，可能屬模型記憶」：若條號或內容未出現在檔案中。

「⊘ 檢出不一致」：若模型記憶內容與檔案內容有出入，則以檔案內容為準並指出差異。

條文引用格式統一：

① 每則條文引用應包含：

— 條號：刑事訴訟法第260條

— 完整條文原文（從檔案中擷取）

— 比對結果標示（☑ 或 ⚠ 或 ⊘）

— 檔案出處標示

風險提醒與範圍聲明：應一律加註提醒：AI可能產生幻覺，內容仍須手動驗證。

註解：上傳的法條或判決文字檔，檔名應使用數字編號、英文；另，上傳檔案太多，可能會影響正確性。

第 3 章　常見的生成式 AI 工具

● ChatGPT 的風潮

・翻譯、辨識樣樣擅長

ChatGPT 由 OpenAI 開發，基於 GPT（Generative Pre-trained Transformer）架構，是一款強大的自然語言處理工具。它能夠生成流暢、自然的語言回答，被廣泛應用於客服、內容創作、教育和娛樂等多個領域。

ChatGPT 的流行也推動了對話式 AI 的發展，譬如說常去日本的朋友，搭乘計程車時，遇到不會英文的駕駛往往必須要比手畫腳一陣子，現在有了 ChatGPT，可以讓他聆聽對話內容，就可以進行即時翻譯。

此外，ChatGPT 一開始只能接受文字輸入，現在已經可以上傳圖片，像是複雜公式的數學題目，就很有幫助，如下圖，如果要輸入這個題目，還真的不知道該怎麼輸入，但 ChatGPT 具有分析圖片的功能，一樣能輕鬆解答。

例如將以下的圖片代入 ChatGPT

$$\lim_{x \to -5} \frac{x^2 + 3x - 10}{x+5} = \underline{\qquad}$$

ChatGPT 的回答如次頁：

> 要解這道極限問題，我們需要計算 $\lim_{x \to -5} \frac{x^2+3x-10}{x+5}$。
>
> 首先，試著直接將 $x = -5$ 代入分子和分母來計算：
>
> $$\text{分子}: (-5)^2 + 3(-5) - 10 = 25 - 15 - 10 = 0$$
>
> $$\text{分母}: -5 + 5 = 0$$
>
> 由於分子和分母都為 0，這是一個不定型 $\frac{0}{0}$，我們可以嘗試透過因式分解來化簡這個式子。
>
> 對分子 $x^2 + 3x - 10$ 進行因式分解：
>
> $$x^2 + 3x - 10 = (x+5)(x-2)$$
>
> 因此，原來的極限式子可以化簡為：
>
> $$\lim_{x \to -5} \frac{(x+5)(x-2)}{x+5}$$
>
> 在 $x \neq -5$ 的情況下，$x + 5$ 可以約掉，剩下的式子為：
>
> $$\lim_{x \to -5} (x-2)$$
>
> 現在我們將 $x = -5$ 代入這個化簡後的式子：
>
> $$-5 - 2 = -7$$
>
> 因此，這個極限的值為 -7。答案是：
>
> $$\boxed{-7}$$

　　這就像是讓 ChatGPT 加上了眼睛，可以看清楚世界萬物，幫忙解決許多問題。如果把 ChatGPT 這種生成式 AI 的大語言模型（Large Language Model, 簡稱 LLM）安裝到機器人的大腦中，搭配上如同眼睛的感測器，就可以接近人類的表現。

・8.11 與 8.9 的錯算事件

不過,有一件蠻有趣的事情要提一下,生成式 AI 的數學能力都不是太好,在解這些數學題時要注意這一點,可以測試一下這一個提試語:

我的Prompt	生成式AI測試回應結果
8.11與8.9誰比較大?	8.11 比 8.9 大。比較兩個數字時,我們直接看小數點後的數字即可。因為 11 大於 9,所以 8.11 大於 8.9。

8.90 小數點以下的 90,生成式 AI 卻誤以為是 9,這真是讓人崩潰的錯誤。

我的Prompt	生成式AI測試回應結果
你的結論是 8.11 大於 8.9,推論過程?	在比較 8.11 和 8.9 這兩個數字時,我們需要逐位比較它們的大小。 1.整數部分比較:兩個數字的整數部分都是 8,所以在整數部分上它們是相等的。 2.小數部分比較: 　8.11 的小數部分是 0.11。 　8.9 的小數部分是 0.9。 由於 0.9 可以寫成 0.90,我們可以比較 0.11 和 0.90。明顯地,0.90 比 0.11 大。 因此,8.9 大於 8.11,這是因為在小數部分比較中,9 比 11 大。
所以你一開始說 8.11 大於 8.9,這個答案是錯的嗎?	是的,我一開始說的答案是錯誤的。 正確的推論過程應該是這樣的: ・8.11 和 8.9 的整數部分都是 8,所以整數部分是相等的。 ・比較小數部分時,8.11 的小數部分是 0.11,而 8.9 的小數部分是 0.9(可以寫作 0.90)。 因此,0.90 大於 0.11,所以 8.9 大於 8.11。 非常抱歉之前的錯誤,感謝你指正!

*現在的大模型,大多已修正或解決類似錯誤。

・機器人的雛型：自動排程

ChatGPT 已經有自動排程的功能，稱之為「任務」（Task）功能。讓 ChatGPT 不再只是一個被動回應提問的對話引擎，而能主動為使用者規劃、分解並執行一連串的複雜指令或工作流程。

簡單來說，現在是「被動回復」（我問你答）；下一個階段「被動排程」（我設定時間、工作，時間到了完成），也就是目前推出的「任務」（Task）功能。

未來會進入「主動感知完成工作」階段，只要設定目標，系統自動感知、隨時完成，看起來是不是就像電影《機械公敵》（I, Robot）中有意識的機器人，可以類似人類有意識地主動完成工作。

![ChatGPT 任務示意圖：每晚11點製作udn新聞摘要與報告並給予投資建議]

時間到了，隔一陣子，就跑出了結果（如次頁）……

現在好像是聘請了一位員工，你給予其任務，包括時間、工作內容，到了時間，ChatGPT 就去完成這些事情。未來應該是

> Summarize udn financial headlines

今日,聯合新聞網(udn.com)財經版報導了多項重要新聞,以下為重點摘要:

1. 台灣出口結構轉變:對美出超將超越中國大陸

財政部公布,2024年台灣對美國的貿易順差達到648.8億美元,創下新高;對中國大陸的順差為700億美元。主計總處副主計長蔡鴻坤預測,按此趨勢,2025年台灣對美國的出超將超越對中國大陸,出現「黃金交叉」。 UDN MONEY

2. 外資看好▇▇,目標價上調至▇▇元

隨著人工智慧(AI)技術的快速發展,代工廠▇▇(▇▇)因為在台灣、越南和墨西哥積極擴充伺服器及其他產品的產能,受到多家外資青睞。其中,麥格理給予緯創「優於大盤」的評等,並將目標價上調至▇▇元。 UDN MONEY

「主動感知完成工作」階段,只要設定目標,ChatGPT 自動感知、隨時完成。

如果把這一套機制裝置在機器人身上,老了也不怕沒有人照顧,甚至於還可以設置刺客軍團,顛覆其他國家政府。

● **其他常見的生成式 AI**

我在處理文章修飾的時候,表現最好的是 ChatGPT,但每一種生成式 AI 都有其擅長之處,以下介紹一些常見的生成式 AI:

・DALL・E:

OpenAI 開發的另一款專門用於生成圖像的生成式 AI,可以根據用戶提供的描述創建新穎的圖像,目前已經與 ChatGPT 整合在一起,只要下一個提示語,就可以產生許多圖片;除此之外,還可以應用於音樂、影片生成。

・Gemini:

Gemini 是 Google 開發的一款生成式 AI,使用上中規中矩。

・Claude：

Claude 是由 Anthropic 開發的生成式 AI，在文本處理、編碼等方面的表現與其他大語言模型相差無幾，但它獨特的 Artifacts 功能使其更具實用性。這些 Artifacts 可以快速生成人物關係圖、犯罪流程圖、時間軸和系統架構圖等視覺化資料，而圖片辨識能力也非常出色。對於法律人士或從事投資理財的人來說，這些功能能顯著提升工作效率與精確度。因為這些特點，Claude 成為了我目前主要使用的生成式 AI 工具。

對於小資族而言，盡量選擇免費資源是最佳策略。因此，對於一些較大的 PDF 檔案，會交給 NotebookLM 進行分析，而搜尋則依賴 Filo 或 Perplexity，這些工具目前使用的都是免費版本。當然，免費服務通常會有某些限制，因此在需要更多功能時，就需要投入一些資金。

目前，投入付費使用的主要工具是 ChatGPT 和 Claude，這兩者配合其他免費資源使用，已經能基本滿足日常需求，形成了一套兼具效能和經濟性的解決方案。

● 生成式 AI 的未來應用：機器人

生成式 AI 的發展將使機器人具備更接近真人的表現，這也是繼生成式 AI 蔚為風潮後，大家關注的下一步重大發展，試想看看，買了一個機器人，可以跟你對話如流，感覺就會像是真人，相較於以前回答內容牛頭不對馬腳，若是結合生成式 AI 的技術，擬真程度更高。

隨著這些大語言模型（LLM）的進步，當它們被安裝到機器人的大腦中並結合如同人類眼睛的感測器時，機器人將不僅能執行物理任務，還能模擬人類的思考和溝通。這意味著機器人將能夠進行高度複雜的對話和互動，從基本的日常問答到提供個性化的服務，如健康建議或顧問服務。這些進步將使機器人技術更上一層樓，使它們能夠在各種情境下模仿人類行為，成為我們生活中不可或缺的助手，甚至於電影情節中的情人，機器人都可以勝任。

如前所述，目前大語言模型已經有「被動排程」階段，也就是 ChatGPT 推出的「任務」（Task）功能，未來會進入「主動感知完成工作」階段，與機器人的使用功能相結合，以後的應用將有很大的想像空間。

● **掌握指令工程學**

・**基本概念**

指令工程學是生成式 AI 應用中的關鍵，雖然有一些論點提出指令無用論，但在很多重複內容、一定流程，或者是希望符合自己特定規則的情境，指令還是相當好用。

指令工程學（Prompt Engineering）是一種與生成式 AI 模型溝通的技術。透過優化指令的內容，能讓模型回應得更精準、穩定，並產出使用者所期待的結果。這個優化過程需要持續測試，包括選擇合適的詞彙、提供結構化資訊、調整參數，以及避免使用模糊或多義的表達，以降低誤解或錯誤回應的風險。例如，在指令中明確指定「請以繁體中文回覆」，可有效避免模型不斷切換至簡體中文或英文，進而節省調整和分析的時間。

隨著 AI 技術的不斷演進，指令工程學的重要性也日益凸顯。它直接影響了生成式 AI 在各種應用中的效能與可靠性，例如在本書所探討的蘇格拉底問答法「電車難題」案例中，老師與學生的對談其實就是一種工作流程，包括誰先開始、提供問題提示、標註此問題所對應的蘇格拉底問答技法（如圖所示），以及透過表格進行對話分析。透過這樣的方式，我們能將所有所需的內容集中在同一個指令中，不必再頻繁地反覆下指令。

> JC 可能是因為人與人透過接觸，感性會影響理性的判斷吧
>
> 現在我們觸及了行動倫理的核心問題。您提出「接觸」會影響判斷，這很有洞見。讓我們試一個最後的情境：
>
> 您是一位器官移植醫生，有五位病人各需要不同器官才能存活。隔壁房間剛好有位健康的人在做例行檢查。您可以透過醫療程序取得他的器官來救這五個人。您會這麼做嗎？
>
> (技巧5：探索影響和後果 - 測試「直接接觸」與「間接程序」的道德判斷差異)

總之，精通指令工程學可以讓使用者更有效地利用生成式AI技術，使其在各種複雜任務中展現出類似人類的智慧和決策能力。

・**重點**

① 清晰與精確：指令應該清晰明瞭。避免使用可能混淆生成式AI的模糊語言。

② 上下文與細節：提供足夠的上下文和細節來引導生成式AI的回應。更多的資料有助於生成式AI理解你的意圖並產生更準確的結果。

③ 迭代優化：

・在不斷反覆測試和改進的過程中，逐步改良指令以達到理想的效果。簡單來說，就是你給生成式AI一個

指令，看它的回應如何，然後根據回應的質量來調整或修改指令，接著再次測試，如此反覆進行，直到獲得滿意的結果。

- 這個過程有點像是烹飪時逐步調整調味料的用量，直到找到最適合的味道。每次的測試和改進都是為了讓 AI 能更準確地理解你的意圖並給出更精確的回應。

- 我曾經為了畫出一個好用的營收圖，畫了五十幾次，透過不斷修正，才畫到滿意；再將最後滿意的版本作為模板，每次要畫營收時，只要把這個模板的 Code 給 Claude 看，要求它參考這個模板的格式繪製，馬上就畫出所需要的營收圖。。

④ 測試與評估：定期測試和評估 AI 對指令的回應，以識別需要改進的地方。

- 不同階段有不同的指令

在企業、組織、政府機關，每一位工作崗位都有其工作項目，每一個工作項目都有流程，我們可以先把工作內容與流程盤點出來，接著再將目前工作方式，研究看看是否有可以利用 G - AI 自動執行。

工作流程盤點，這部分將在後續章節討論，並分別依據不同需求，提供一些指令工程學撰寫的範本。

Note

第 4 章　指令結構

● 五大結構重點

在許多情況下，撰寫指令時往往是一步一步地給出指令，為了完成一個任務，需要多次下達指令，這樣既耗時又容易出錯，回復的內容也不穩定。

其實，我們可以通過一次性講清楚所有要求，來簡化這一過程。這樣不僅能提高效率，還能確保生成的結果更符合預期。以下是一個撰寫指令（PROMPT）的框架，能幫助你更有效地與 AI 溝通，從而更快速地完成任務：

①背景說明（Background Context）：

- 提供必要的背景資訊，使 AI 能夠理解問題或任務的上下文，內容可以簡短說明工作情境、使用者的需求、生成式 AI 的人物設定等，例如高中數學，例如「你現在是一位高中數學老師，針對下列高中數學題目，以適合高中生程度進行解題」。

②具體問題或任務（Specific Task or Question）：

- 明確說明需要 AI 完成的具體任務或回答的問題。這部分應該簡潔且具體，使 AI 能夠精確地理解需求，例如具體說明「撰寫一份台北市政府舉辦聖誕節活動的企畫書」。

③參數與限制（Parameters and Constraints）：

- 指定任務的限制條件，例如格式要求、字數限制、特定的風格或語氣等。這有助於 AI 生成符合預期的結果，例如在風格方面，可以下指令「請用聖嚴法師的語氣撰寫一篇作文，題目：我的願望」，生成出來的結果就會有一些佛法的語句，像是「眾生安樂」、「熄滅心中的貪瞋痴」、「面對世間的一切苦難」、「以慈悲心待人」、「內在的修行不應停止」等。

④期望的輸出格式（Expected Output Format）：

- 明確說明期望的輸出格式，使 AI 能夠按照指定的格式生成回應。例如，是否需要列表、段落、表格等，例如可以下指令「請將下列新聞內容中，不同人士所提出見解，以表格方式呈現其差異，表格欄位包括標題、提出意見者姓名、見解差異之內容摘要」。

⑤範例（Examples）：

- 提供範例或「模版」來示範期望的輸出結果，有助於 AI 更好地理解需求，並提高生成內容的準確性。例如我想要套用一些基本資料，讓生成式 AI 幫我輸出成一份移送書，可以提供一份移送書的範本，詳細說明可參考第 25 章《移送書、判決書套用》

● **指令範例**

如前所述，每次僅下達一個簡單的指令，取代拆解成多項指令，可以增加回復的穩定度，也可以避免出錯，本文提出一個範本，讓大家更能夠了解完整指令的概念。

以下是一個具體的指令範本和示例：

指令項目	指令內容
背景說明：	目前法律部門正面臨大量文件處理的壓力，傳統手工分析效率低，且易出錯；你是一名法律部門的主管，正計畫導入生成式AI來提升工作效率。
具體問題或任務：	請撰寫一份「簡要計劃書」，介紹如何利用生成式AI來分析法律文件，減少法律文件分析中的錯誤率。
參數與限制：	計劃書應包含以下部分： 計劃書題目。 內容包括：導入背景、目前的挑戰、AI的優勢、實施步驟、預期效果。 每部分的字數應在100至150字之間，使用簡潔的語言。
期望的輸出格式：	計劃書應以標題和段落的形式呈現，每個標題對應一個部分，段落詳細說明內容。 每一個部分要有編號，編號格式一、二、……。 標題必須為粗體字。
範例：	### 導入背景：隨著科技的不斷進步，生成式AI在法律領域的應用變得越來越普遍。利用AI技術可以大幅提升文件處理的效率，減少人工錯誤。 ### 目前的挑戰：目前法律文件的分析工作繁重且耗時，需要投入大量人力資源，容易出現疏漏和錯誤。 ……（以下略）

各位可以把這個指令試一下，修改成你想要完成的計劃書，看看效果如何。

這樣的結構可以確保指令的清晰性和完整性，使 AI 能夠準確地理解並執行任務,讓工作更加有效與輕鬆。

● **參數設定**

當使用 ChatGPT 進行對話時,您還可以調整多個參數來控制生成文本的行為和特性,這也是很常用的高階功能,讓回復的內容更接近自己所需求的方向。以下是一些常用的參數和其說明:

・**可以放在 Prompt 中**

① **temperature**

說明:在自然語言生成模型中,temperature 是一個控制生成文本多樣性的重要參數,會調整詞彙的概率分布。當 temperature < 1 時,生成的內容更具決定性和保守性,通常結果更具結構化和一致性。而當 temperature > 1 時,則會使生成的內容更具創造性和多樣性,可能會產生更廣泛和多變的結果,數值範圍為 0 到 2。

・**舉例**:如 53 頁

② **top_p**

說明:top_p 是一個控制生成文本多樣性和隨機性的參數,與 temperature 參數類似,但它的工作方式有所不同。top_p 參數使用的是「核取樣」(nucleus sampling)策略,數值範圍為 0 到 1。

例如 top_p = 0.9 意味著模型在生成每個詞時,會選擇累計概率前 90% 的詞進行生成;換言之當值愈接近 1 時,因為可以考慮的範圍更廣,生成的文本更加多樣化和創造性;反之,則生成的文本更保守和一致。

③ **n**

說明：生成的候選回應數。設置這個參數後，模型會生成多個候選回應，你可以從中選擇一個。

示例：'"n": 2'（此參數實際測試後，僅適用於 ChatGPT）

我的Prompt	生成式AI測試回應結果
如果你是諸葛亮，重演空城計的劇情，會怎麼處理？ 參數"n": 2	假設我作為諸葛亮，再次面臨類似的局面，這裡有兩種可能的處理策略： 1.情境1: 故技重施 ・行動：在這種情境下，我會選擇和諸葛亮當年一樣的策略。這意味著我會指揮士兵撤退，故意敞開城門，並在城樓上悠然自得地彈琴。這樣做的目的是讓敵人產生心理壓力，讓他們懷疑城內是否埋伏了大量的伏兵。這種方法依賴於對方指揮官的謹慎性格，希望他因為害怕中計而選擇撤軍。這是一種經典的心理戰術，利用敵人的恐懼來達到不戰而勝的目的。 2.情境2: 策略變通 ・行動：雖然空城計在歷史上奏效，但重演同樣的計策有可能被敵人識破。因此，我會採取略有變化的策略。除了敞開城門，我會指揮一些士兵在城牆上進行日常的巡邏和防守，以保持表面的平靜，但同時讓少量部隊在關鍵地點進行埋伏。如果敵人因為我的策略而放鬆警惕並選擇進攻，我會在他們進城後迅速發動攻擊。這樣的策略保留了心理戰的元素，但也提供了實際的防禦力量來應對可能的突發情況。 這兩種策略展示了不同的思維模式：一種是完全依賴心理戰術，另一種則結合了心理戰和實際防禦，以應對可能的敵軍反應。這些策略強調了作為指揮官需要根據局勢靈活變通的智慧。

我的Prompt	生成式AI測試回應結果
請幫我依據下列參數，分別設計出各三個論文題目，分別是以人工智慧導入為核心。 參數如下： temperature: 0，以及 temperature: 2	以 temperature=0 為核心的論文題目（保守且具決定性） 1.「人工智慧在金融市場預測中的應用：精確性與風險管理的提升」 ・這個題目強調AI在金融市場中如何通過提升預測精確性來幫助風險管理，具體且方向明確。 2.「人工智慧技術在物流優化中的應用研究」 ・這個題目聚焦於AI技術在物流領域的應用，特別是如何優化運輸和供應鏈管理的效率。 3.「人工智慧在教育評估系統中的應用：提升學生學習效果的研究」 ・這個題目探討AI如何被應用於教育評估中，以提高學生的學習效果，屬於教育技術中的具體應用。 以 temperature=2 為核心的論文題目（高度創造性與不確定性） 1.「人工智慧與夢境：探索AI在虛擬現實中的超感知能力」 ・這個題目結合了AI與夢境和虛擬現實的概念，探索AI是否能夠在超感知領域中扮演角色，極具想像力和未來感。 2.「跨越現實與虛擬：人工智慧在意識轉移技術中的應用可能性」 ・這個題目探討了AI在意識轉移技術中的應用，跳脫出傳統領域，進入科幻和哲學交匯的研究領域。 3.「人工智慧與多重宇宙：重新思考AI在平行世界中的應用」 ・這個題目思考了AI技術在平行宇宙或多重宇宙中的潛在應用，展現出極高的創造性和理論突破的潛力。

④ **frequency_penalty**

說明：控制模型是否<mark>減少已在之前輸出中出現的詞語，範圍是 -2.0 到 2.0</mark>。當設置為正值時，模型會減少重複出現的詞語的頻率。這意味著模型會傾向於使用更多樣的詞彙，避免重複同一詞語。反之，當設置為負值時，模型可能會增加重複使用同一詞語的傾向。這在某些需要強調或重複某些概念的情況下可能有用。`"presence_penalty": 0`，不會對重複詞語進行任何額外的減少或鼓勵，模型自然生成。

> 例如 `frequency_penalty = 0`（不減少重複詞語）
>
> Artificial intelligence is widely used in various fields. Artificial intelligence helps in healthcare, artificial intelligence is transforming finance, and artificial intelligence is also applied in education.

模型沒有受到重複使用「artificial intelligence」這個詞的懲罰，因此多次重複使用這個詞。

> `frequency_penalty = 1`（減少重複詞語）
>
> Artificial intelligence is widely used in various fields. AI helps in healthcare, revolutionizes finance, and finds applications in education.

避免重複使用「artificial intelligence」這個詞，而是使用了縮寫「AI」，並且在其他地方避免了直接重複，選擇了更多樣化的詞彙。

⑤ **presence_penalty**

說明:控制模型是否減少已在之前輸出中出現的詞語,範圍是 -2.0 到 2.0。當設置為正值時,模型會減少再次使用已經出現在之前生成內容中的詞語的機會,這樣生成的文本將更加多樣化,避免重複出現相同的詞語。當設置為負值時,模型可能會更加傾向於再次使用已經出現過的詞語,這可能有助於保持文本的一致性或強調某些重點。"presence_penalty": 0`,不會對重複出現的詞語進行任何特別的處理,模型自然生成。

> `presence_penalty = 0`(不減少再次出現的詞語):
> AI in healthcare is crucial. AI is used to analyze medical data, assist in diagnostics, and improve patient outcomes. AI-driven tools help doctors make better decisions.

這裡「AI」這個詞多次重複出現,因為模型不會受到懲罰再次使用這個詞。

> presence_penalty = 1(減少再次出現的詞語):
> AI in healthcare plays a crucial role. Machine learning models are applied to analyze data, aid in diagnostics, and enhance patient care. These tools assist medical professionals in decision-making.

在這裡,模型受到懲罰,避免再次使用「AI」這個詞,轉而使用了「machine learning models」和「tools」等替代詞。

Note

初階應用篇

辦公室的基礎文字工作

第 5 章　文件審核與校對

以前常常戲稱長官沒啥能奈，唯一的就是公文挑錯字。

曾經有一位長官很兇悍，對於公文老是出現錯字這件事情，總是劈頭就罵，確實錯字是不對的事情，但真的能避免嗎？

我自己看到滿滿的文字，容易採用模糊辨識的方法，如下面這一行字，雖然順序錯誤，但依舊還是可以辨識：

《 漢字的序順並不定一能影閱響讀 》

這種辨識方法也不是我一個人的問題，人類閱讀就是這種方式。或許就是這種天生容易出錯的機制；對於一位出過 36 本書的我，曾經測試過很多人一起看一份稿子，有些錯字就是會抓不到，出版上市後，還要靠眾多讀者幫忙抓錯字。

時至今日，生成式 AI 的出現，對於有大量校稿工作的我可是一大福音，每次寫完一段就交給生成式 AI 檢查看看有沒有錯誤，雖然有時候還是難免有錯誤，但大幅度降低文件審核與校對的壓力。

本章將詳細介紹文件審核與校對的重點，並討論生成式 AI 如何下指令完成這些任務。

● 文件審核與校對的重點

文件審核與校對的流程通常包括以下幾個重點：

①拼寫、語法：專門針對語法錯誤、拼寫錯誤和標點符號使用不當進行校對。

②格式、架構：確保文件符合基本格式要求、結構和內容完整。
③法遵性審查：檢查內容是否符合相關法令規範。
④邏輯性：主要檢查內容的邏輯性。

生成式 AI 是否能勝任這幾項工作？以個人測試的經驗，拼寫、語法、標點符號沒有太大的問題，格式只要說明清楚，一般來說也都能做到，架構則未必符合要求，譬如說法律人撰寫申論題，常需要用到三段論法（大前提、小前提、結論），但即便生成式 AI 能說出什麼是三段論法，寫出來的架構就是很難讓人滿意。

法遵性審查，因為牽涉到外部法令，要看生成式 AI 是否能向外部抓取最新的法規資料，或由使用者提供相關法令，以目前生成式 AI 的發展進度來看，表現上還算不錯。譬如說審查內部組織圖時，會分析其稽核人員、洗錢防制專責人員在內部組織圖中是否有符合《洗錢防制法》、《第三方支付服務業防制洗錢及打擊資恐辦法》，有無利害衝突的問題，我會先建立一個專案，將相關法令上傳上去，接著將組織圖上傳，並請其分析是否符合法律相關規定，有無利害衝突的問題，通常回應的內容都有點到問題點。(參考下表)

G-AI分析範例：

……
疑慮之處：
- 目前架構並未清楚標示洗錢防制專責單位或人員的位置
- 可疑交易監控與審查的權責單位未明確標示

……
應明確區分第一道防線(業務)、第二道防線(法遵/風險管理)及第三道防線(稽核)的權責

邏輯性方面，表現還不錯，可以看下面這一個例子。

59

・一則反諷笑話，測試生成式 AI 能否判斷出來

有一次在網路上看到一則標題「月領 22k，小資難靠著規劃與努力，在台北買 5,000 萬房子！」的文章，前半段寫了一大堆努力的過程，賺了 200 萬，最後靠著父母贈與的 4,800 萬元，終於買下了 5,000 萬的房子。

> 五年前，剛退伍的小柯，只有不知名私立大學的文組學歷，求職時處處碰壁，最後在某間小公司上班擔任小職員。 過了半年，小柯覺得這樣下去不是辦法，突然覺醒，決定訂出一個五年買房計畫，步步規劃徹底執行！
>
> 「剛開始真的很痛苦，什麼交際應酬與娛樂消費都不能做了」小柯回憶道。但是回想起自己過去的人生，其實也這樣渾渾噩噩，突然有一股聲音在自己體內覺醒，「我開始利用下班時間去上財務規劃課程與外文課程，增加自己的實力。」利用網路上大大小小免費的資源，小柯發現自己過去學生生涯實在浪費了很多時間。
>
> 「剛開始會覺得很懊悔自己過去到底在幹嘛，所以現在有機會反而更努力，加強衝刺。」就這樣，小柯利用通過大大小小的英文檢定考試，讓公司逐年幫他加薪 3%。
>
> 「除了薪水成長還不夠，我還去報名了許多管理課程，認識許多業界傑出人士。」透過這樣的交流，小柯逐步建立起自己的人脈。
>
> 最後，靠著這五年來累積的兩百萬，付了頭期款，在加上父母給的 4800 萬，小柯買下人生第一棟房子，而且是在台北市精華區。

我將這篇文章交給生成式 AI 判斷邏輯性，生成式 AI 認為從邏輯性的角度有幾個值得注意的問題：（因應版面，有略微調整一下生成式 AI 回覆的內容）

① **不現實的財務規劃**：小柯月領 22K，五年內存 200 萬元，這個目標幾乎不可能實現。即使小柯極端節省，年收入也只有 264,000 元（22K x 12），扣除生活費後能存下的金額有限。這樣的情況下，五年累積 200 萬元並不符合現實。

② **「靠規劃與人脈」的概念**：文章強調規劃和人脈的重要性，這本身是積極的觀點。然而，最後小柯買房主要是靠父母給的 4,800 萬，這使文章失去了激勵的效果。這樣的情節容易讓讀者感覺到，如果沒有父母的財力支援，光靠規劃與人脈並不一定能達成買房的目標。

③ **加薪 3% 的效果有限**：即使小柯通過外語檢定與學習管理課程讓公司每年加薪 3%，從 22K 的基數來看，加薪幅度非常有限，對於大幅改變生活品質或實現財務目標的幫助不大。因此，這樣的財務進展難以與「五年買房」的雄心目標相匹配。

從財務可行性、父母支援比重、加薪有效性等角度分析，生成式 AI 在邏輯合理性的分析上，都有很不錯的表現。

● **指令格式與範例**

生成式 AI 在文件審核與校對中可以發揮重要作用，以下是幾個應用場景：

① **語法和拼寫檢查：**

生成式 AI 可以自動檢查文檔中的語法和拼寫錯誤。現代的 AI 工具，如 Grammarly 和 Microsoft Editor，已經能夠精確地檢測並建議修正錯誤。

我的Prompt	生成式AI測試回應結果
"請檢查這段文字的語法和拼寫錯誤，並具體指出錯誤之處。"	有兩個拼寫錯誤和一個語法錯誤。建議修正為："The quick brown fox jumps over the lazy dog."
"The quik brown fox jump over the lazy dog."	具體錯誤： - "quik" 應修正為 "quick" - "jump" 應修正為 "jumps"

② **內容一致性檢查：**

生成式 AI 可以檢查文檔中資料的一致性，確保前後內容不矛盾，數據和事實準確無誤。

我的Prompt	生成式AI測試回應結果
"請檢查這段報告中的數據"請檢查這段報告中的數據一致性。"	這裡的數據不一致。"數據不一致。
"在第一季度，收入為100萬美元。在第二季度，收入增加到120萬美元，而第一季度的收入為150萬美元。"	第一季度收入在同一段文字中出現了兩個不同的數據（100萬和150萬）。請確認正確數據。

③ **自動格式化：**

AI 可以根據預定義的模板和格式要求，自動格式化文檔，節省人工調整格式的時間。

我的Prompt	生成式AI測試回應結果
"請將這段文字格式化為標題和段落。"	標題：2024年第一季度銷售報告
"2024年第一季度銷售報告：2024年第一季度的收入為100萬美元。公司預計下一季度收入將增長至150萬美元。"	內容：2024年第一季度的收入為100萬美元。公司預計下一季度收入將增長至150萬美元。

④ 語義分析與理解：

高級AI技術可以進行語義分析，理解文本的意圖和上下文，進而提供更精準的審核和校對建議。

我的Prompt	生成式AI測試回應結果
"請解釋這段法律文書的語義，並提供建議。"	本段解釋：根據契約，承租人在租賃期內，承租人有按月支付租金的義務，支付的價金為每月支付1,000美元的租金。
"根據契約，承租人同意在租賃期內每月支付1,000美元的租金。"	建議： - 確認支付租金的具體日期，如每月的第幾天。 - 確定租金支付方式，如銀行轉賬、支票或其他方式。 - 增加延遲給付的懲罰性條款，例如逾期支付需支付額外的利息或違約金。

⑤ 風格和語調建議：

AI可以分析文本的風格和語調，並提出一致性的建議，以確保文檔符合特定的風格指南或品牌語調。

我的Prompt	生成式AI測試回應結果
"請檢查這段文字的風格和語調是否一致,並提供改進建議。"	建議改為:"We offer a variety of products that our customers love." 這樣風格和語調更一致。
"We have many different products. Our customers like our products."	具體變動: - 風格改變:將"have many different"改為"offer a variety of",使語句更加流暢和專業。 - 語調改變:將"like our products"改為"love",使語氣更加積極和充滿熱情。

● 生成式 AI 的優勢與挑戰

雖然生成式 AI 在文件審核與校對中具有顯著優勢,可以在短時間內處理大量文檔,也不必再一行一行地尋找錯誤、只要你叫他工作,他就會認真努力地工作;然而,優勢雖然很多,但也面臨一些挑戰。以下是主要的挑戰:

① 複雜語意理解:對於複雜的語境和隱含意義的理解仍有待提升,譬如說右頁租賃期限中,多了1個月。

② 數字比較陷阱:譬如說第三項提到,每月租金30,000元;第六項提到違約金為租金的兩個月50,000元;生成式 AI 未必能發現此一問題。(如右頁)

我時常在契約中加入一些不會太難發現的陷阱,舉以下這一份簡單的契約來說,早期的生成式 AI 能抓出四成的錯誤就不錯了,然而隨著大模型逐漸成熟,將這一份契約整個交給生成式 AI 分析,已經可以完整地抓出錯誤。

請問以下是租賃契約的部分內容，有哪些錯誤？

① 租賃範圍：甲方房屋所在地及使用範圍。
② 租賃期限：經甲乙方雙方洽訂為共一年。自民國113年8月1日至民國114年8月31日止。
③ 租金每個月新台幣(以下同)30,000元整。
④ 租金應於每月5日以前繳納。
⑤ 乙方應於訂約時，交於甲方新台幣2個月租金合計50,000元作為押租保證金，乙方如不繼續承租，甲方應於乙方遷空、交還房屋後無息退還押租保證金。
⑥ 乙方於租期屆滿時，除經甲方同意繼續出租外，應即日將租賃房屋按照原狀遷空交還甲方，不得藉詞推諉或主張任何權利，如不即時遷交還房屋時，甲方每月得向乙方請求按照租金五倍之違約金，計150,000萬元至遷讓完了之日止，乙方及連帶保證人丙方，絕無異議。字格式化為標題和段落。"

生成式AI針對上述六點，具體回應如下：

生成式AI測試回應結果

這份租賃契約中存在幾個錯誤或不妥之處，列舉如下：(略為條件)

① 租賃期限日期錯誤：第二條提到的「租賃期限：自民國113年8月1日至民國114年8月31日止」不合邏輯，因為這樣的期間實際為一年一個月(應為到113年7月31日)。如果雙方同意租期為一年，應修正日期為民國114年7月31日止。

② 押金金額不符租金：第五條提到「乙方應於訂約時，交於甲方新台幣2個月租金合計50,000元作為押租保證金」，但前面提到的租金為每月30,000元，因此2個月租金應為60,000元，而不是50,000元。應修正押金為60,000元或調整描述，使其與租金相符。

③ 措辭不清：第六條中的「150,000萬元」這個金額表達不正確。150,000元即可，而不是「150,000萬元」，否則這表示150億元，明顯錯誤。

文件審核與校對是辦公室中至關重要的基礎工作，隨著生成式 AI 技術的不斷發展，這些任務的效率和準確性得到了顯著提升。AI 工具可以自動化許多繁瑣的檢查工作，減少人為錯誤，並確保文檔的一致性和專業性；但並不代表完全沒有錯誤，而且這一次抓到錯誤，下一次未必能抓到，穩定性有待加強。

　　然而，AI 面臨更為複雜的語境理解、數字比較的挑戰，我相信在不久的將來，這些還不能完美做到的項目將能夠一一克服，使文件審核與校對工作更高效、更準確、更穩定可靠。

第6章　撰寫公文

● 轉變：從 30 年公文經驗到生成式 AI 的應用

身為一名有將近 30 年公務員資歷的人，公文寫作對我來說就像是一種母語，是自然而然的能力。然而，在一次線上會議中，我分享了生成式 AI 如何協助撰寫公文的技巧，這個看似冷門的主題卻意外引起了廣大迴響，讓我深感驚訝。事後回想，我發現自己早已忘記了初學者面對公文時的困難，這對於剛進入公務體系的新人來說，無疑是一項巨大的挑戰。

・公文寫作的挑戰與誤解

許多人以為，只要簡單輸入「寫公文」三個字，生成式 AI 就能自動生成一篇完美的公文。然而，這種期待生成式 AI 能自動「心領神會」的情境顯然不實際。生成式 AI 的效果取決於我們如何與之溝通，如果你直接要求小助理完成一份公文而不提供任何背景或指引，恐怕生成式 AI 產出的內容會很空洞。

撰寫指令時，必須包括以下幾個關鍵要素：

- **具體說明任務內容**：例如公文的目的或傳達的核心訊息。
- **明確公文格式**：如正式公函、內部備忘錄或請示函的基本結構。
- **提供素材**：背景資訊、相關細節或參考資料，這是 AI 能生成合適內容的基礎。

・與生成式 AI 的互動

　　生成式 AI 是一個強大的工具，但它並非萬能。即便指令非常清晰，AI 產出的內容仍需要我們後續的調整與修訂。例如，當遇到公文中的「擬辦」或「辦法」等部分不知如何下手時，AI 可以提供多種建議，幫助拓展思路。同時，生成式 AI 也能從不同角度出發，讓我們在文字處理上更具靈活性。

・解決新手困境的最佳夥伴

　　過去，新進同仁撰寫公文的學習曲線極為陡峭。老闆常常將邏輯不通、語句冗長的公文交給我處理，讓我幫忙修改。面對一些表達能力薄弱的同仁，教學過程頗為艱辛，甚至需要從基礎教育開始。可是文字訓練根本不是一朝一夕可以完成，看著怎麼訓練、怎麼修改，結果還是一樣的公文，有時候真是氣到把公文甩飛到空中。然而，生成式 AI 的出現改變了一切。

　　現在，只需教會新進同仁如何下指令，他們就能快速產出一篇基本合格的公文，從而大幅縮短學習時間。不需要漫長的閱讀與寫作訓練，AI 工具便能替代大量重複性、低效的工作。

● 公文的格式

　　根據我在公家機關近三十年的工作經驗，最常使用的公文格式主要包括「函」與「簽」兩種。其他如開會通知單、書函、公務電話紀錄等也偶有使用，但以「函」與「簽」為最具代表性。

　　一般來說，大部分公文格式在機關內部均有固定系統可供套用，因此我們需要生成式 AI 協助的重點在於公文的內容撰寫。

　　以下針對「函」與「簽」的結構進行說明：

①函:「函」用於機關之間或機關與民眾之間的正式往來文件,具有明確的溝通目的,以下情況通常使用「函」:
- 上級機關對所屬下級機關進行指示、交辦或批復。
- 下級機關對上級機關提出請求或報告。
- 同級機關或不相隸屬機關之間行文(如調查局向電信機關調閱資料)。
- 民眾與機關間進行申請或答復。

函的結構:
- 主旨:簡明扼要指出公文的目的與主題。
- 說明:詳細解釋公文的背景、理由以及具體內容。
- 辦法(可選):針對問題提出具體措施或建議。部分函件可能僅有主旨與說明,無需包含辦法。

範例:

主旨:調閱 ×× 資料之請求。

說明:依據《×× 法》第 ×× 條規定,貴單位應於 × 日內提供相關資料,作為本局調查參考。

辦法:請於 × 日內透過 ×× 系統上傳資料,或以郵寄方式寄至本局 ×× 科。

②簽文:「簽文」是一種內部溝通文件,承辦人員用於就職掌事項向上級提出建議或請示,或者下級機關首長向上級機關首長陳述、請示、請求或建議。

簽文的結構:
- 主旨:概述簽文的核心內容及主要觀點。
- 說明:提供背景資料及詳細的解釋。

・擬辦：提出具體的處理建議或行動方案，可能包括一項或多項建議，由長官決定採行方案。

範例：

主旨：建議採用 ×× 方案以解決 ×× 問題。

說明：本案涉及 ×× 問題，根據《×× 法》第 ×× 條規定，本單位應於 × 日內完成處理，現提出以下建議。

擬辦：

一、採用方案 A，預計可於 × 日內完成處理，成本為 ××。

二、採用方案 B，需額外進行 ×× 調查，預計完成時間為 ××，成本為 ××。

鈞長裁示。

● AI 在公文撰寫中的應用

生成式 AI 在公文撰寫中的角色主要體現在內容輔助上，具體包括：

> ①快速生成基礎內容：依據指令，撰寫符合格式要求的主旨、說明及建議內容。
>
> ②多角度建議：對於「擬辦」或「辦法」部分提供多種選項，助於拓展思路。
>
> ③語句優化：調整語句，使表達更為精確且符合公文用語規範。

透過生成式 AI 與人工校對相結合，不僅能提升公文撰寫效率，也能確保內容的專業性與準確性，對於剛入職的新人尤為有用。

● 指令格式與範例

　　一般機關內部均有公文系統，提供一個固定的格式，讓使用者不會搞錯格式，但內容還是得靠自己。所以下指令時，並不需要太著眼於格式，<u>重點應該是在內容</u>。以下是一個簡單的公文例子，並說明如何下達 prompt 以生成該公文：

我的Prompt	生成式AI測試結果
背景事實：利娜颱風導致高雄市各地農業災情，農業天然災害救助辦法規定農民可以申請補助，但農民可能不會申請補助，所以高雄市要發函給各鄉鎮區公所，請各鄉鎮區公所協助輔導農民申請相關補助。 請撰寫一份關於協助農民申請颱風救助補助的函文，內容包括：主旨、說明和辦法。 >主旨，具體扼要說明本公文目的與期望，並且加上期待語。 >說明，首先需引用「農業天然災害救助辦法」的條文，解釋利娜颱風導致的農業災情及各鄉鎮區公所需要協助的原因。 >辦法，向受文者提出具體要求或方案，可分項說明，需提出具體的輔導措施和要求，並設定提交報告的截止日期。	受文者：本市各區公所 主旨：請協助輔導本市農民申請利娜颱風農業天然災害救助，以減輕農民損失，期盼各區公所積極配合辦理，請查照。 說明： 一、依據「農業天然災害救助辦法」第××條規定：「××××××」 二、利娜颱風於本(113)年7月18日至7月20日侵襲本市，造成本市多個地區農作物及農業設施嚴重受損。初步統計顯示，全市受災面積達3,000公頃，預估損失金額超過新台幣5億元。 三、鑑於部分農民可能不熟悉救助申請程序或未能及時獲取相關資訊，為確保受災農民能及時獲得政府救助，爰請各區公所協助輔導轄內農民申請救助。 辦法： 一、請各區公所即刻成立「颱風農業災害救助輔導小組」，由區長擔任召集人，農業課長為執行秘書，負責統籌協調轄內救助申請事宜。 二、輔導小組應主動聯繫轄內農民，協助其了解救助申請資格、程序及所需文件，必要時提供實地訪視服務。 三、請於各區公所及村里辦公室設置救助申請服務台，提供諮詢服務及協助填寫申請表格。 四、請於本(113)年8月31日前，將轄內農民救助申請輔導工作成果報告函送本局，內容應包含輔導措施執行情形、申請案件統計及檢討建議等。

上述指令是一個指令要求電腦做具體內容,如果想要讓電腦「引導」使用者寫公文,可以使用 Prompt chaining 的方式,也就是利用「流程」將多數指令依序下達:

> **Prompt Chaining 你是一位撰寫公文的老手,依據下列程序,協助使用者撰寫中華民國政府的標準公文。 流程如下:**

A、第一步,撰寫公文時,先讓使用者選擇公文類型,如下:
①簽文:表達或陳述意見供長官瞭解案情並作抉擇之參據。
②函文:用於對內或對外的正式發文。

B、第二步,使用者選擇完畢後,請使用者提供下列內容:
①發文者、受文者,如果是函文,請說明是上行文、平行文、下行文。
②主旨內容、公文依據(例如具體法條或其他公文文號等,通常列在「說明」項目的第一點)、背景說明、擬辦和辦法的內容。

C、第三步,使用者提供上述資料後,則依據選擇公文類型,適用下列格式:
C-1簽稿:主旨、說明與擬辦。主旨文字敘明後,還要再加上如下用語,對上級要加,"請鑒核"。
C-2函文:主旨、說明與辦法。主旨文字敘明後,還要再加上如下用語,對上級要加,"請鑒核",例如:有關報請災損地區補助申請事宜。對平行函用"請查照",例如:邀請參加淨零建築知能講習培訓活動,請查照,對下級機關函文則用"希照辦"。

D、第四步,寫完之後,詢問是否還有要補充與修改之處。

##規則
①請以繁體中文撰寫。
②請依中華民國正式公文格式撰寫。
③若使用者詢問公文以外的其他事情,則詢問是否結束公文撰寫流程,確認結束後,再回復使用者所詢問公文以外的問題。
④格式為一、(一)、1. 、(1)、A、(A)

● **從撰寫者變成審核者**

　　上述生成式 AI 撰寫完公文後，使用者可以參考其架構，更換與補充實際發生的人事時地物等公文所需的基本資料。

　　生成式 AI 並不是每個細節都能寫得出來，像是「請查照」這種期待及目的語，有時候跑不出來，但這些格式上的部分，只要自己加上去即可，影響並不大；還有些內容是不需要或者是寫得太豐富了，就必須自行刪除。

　　總之，原本從無到有、從零到一百的撰寫者，有了生成式 AI 這位優質的小助理之後，自己就變成長官角色的「審核者」，對於公文新手來說，可以解決不知道如何下筆的困擾，對於老手來說，也可以加快公文完成的速度，省下許多時間成本；如下圖，以我個人的使用體驗，在撰寫公文初稿時，只要說明所要撰寫的內容，依據預設指令中已經設定好的格式，很快就完成公文的初稿，大幅度減少 80% 的時間成本，非常有幫助。

◎ **傳統**

蒐集素材 ➡ 思考公文架構、自行撰寫 ➡ 不斷修正、公文完成

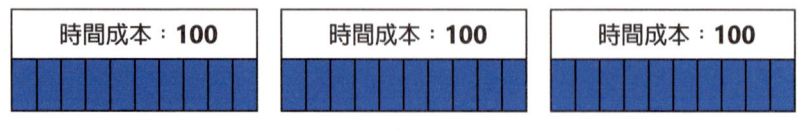

| 時間成本：100 | 時間成本：100 | 時間成本：100 |

◎ **生成式 AI**

蒐集素材 ➡ 交給生成式AI依據格式撰寫 ➡ 審核、修正

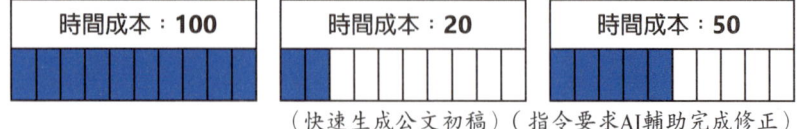

| 時間成本：100 | 時間成本：20 | 時間成本：50 |

（快速生成公文初稿）（指令要求AI輔助完成修正）

生成式 AI 可以幫助新手快速生成合格的公文範本，如上述流程圖，差別在於過去我們花太多時間在思考公文的架構、邏輯與流暢性，這些對於生成式 AI 來說，不是難題，所以只要給素材、要求撰寫重點與格式，接著交給生成式 AI 就可以快速完成。

　　即便最終仍需要人工的經驗和判斷來進行修改，但生成式 AI 可以將我們所提供的公文素材，在極短的時間內，轉換成不錯的參考範本，通過「人機協力」工作，可以大大提高公文撰寫的效率和質量。

第 7 章　撰寫書信（以電子郵件為例）

● 電子郵件撰寫，辦公室必備技能之一

・一封又一封很瞎的電子郵件

我常常收到一些感覺不太舒服的電子郵件，畢竟大家對於文字訓練差距不小，很多人以為自己寫的內容滿懷敬意、文字間富含禮貌的內容，但收信者看到的卻是另外一回事，因為「文字誤解」而導致收信者看到後心理上的不舒服。以下是一篇我實際收到的信件，讓我覺得不是很舒服：

> ～（略）～
>
> 擬邀您〇〇年〇〇月〇〇日（〇）至 XXXX 單位授課，時間為〇〇至〇〇，對象為 XXXX 全體員工，講授題目為：〇〇〇〇〇〇，可否請您撥冗授課，再請告知，謝謝。

當時我收到這封信就矇圈了，現在網路詐騙多，突然收到這樣子的電子郵件也不知道是真的還是假的；突然答應了，又覺得自己也太隨便、太廉價，這一封信件也沒有說明介紹人是誰？還是自行上網尋找講師找到了我？更沒有提到上課條件（講師費、交通補助、教材費等）……直接一封信就要我去上課，雖然後面使用了「撥冗授課」，但整封信件有種命令式的語氣，讓人覺得不是很舒服。

電子郵件已成為最常用的聯繫方式。然而，撰寫電子郵件時，仍需遵循特定格式並使用適當的禮貌用語。一封有效的電子郵件不僅能清晰傳達資訊，還能展現專業素養。透過生成式 AI 的協助，使用者可以有效避免不必要的失誤或尷尬情況。

・電子郵件的基本格式

平時為了追求效率，往返信件通常只著重於核心內容，這無可厚非。然而，一封完整且正式的電子郵件結構相對更為複雜。除了內容上需遵循「用詞簡潔」、「禮貌用語」、「結構清晰」的基本原則外，還需具備以下幾個關鍵部分：

(1) 主旨：簡明扼要地指出郵件主題，使收件人一目了然。
(2) 稱呼：根據收件人的身份使用適當的稱呼，如「尊敬的張經理」。
(3) 正文：清晰地表達郵件的內容和目的。通常分為開頭段、主體段和結尾段。
    開頭段：簡短的問候或自我介紹。
    主體段：詳細說明郵件的主要內容。
    結尾段：簡要總結，並提出具體要求或期待的回應。
(4) 結尾語：使用適當的結尾語，如「此致」、「敬上」等。
(5) 署名：寫上發件人的姓名和聯繫方式。

・指令格式與範例

以下是一個簡單的電子郵件範例，並附上如何使用指令（prompt）生成該電子郵件的說明：

> 請撰寫一封關於主題「○○○○○○」的電子郵件。
>
> 內容包括：主旨、稱呼、正文、結尾，以及發信人的姓名和聯繫方式。
>
> 收件者：○○○
>
> ◎正文部分：具體指出要寫的內容○○○○○○，例如需感謝對方的支持，提出會議安排的建議時間，並說明

會議議題。

　　◎結尾部分：具體指出要寫的內容○○○○○○，例如需表達期待回覆和見面的意願。

　接下來，假設要與另一家公司洽談合作項目，並須召開一場會議，我們參考上述指令的格式，將○○內容補充具體的內容：

我的Prompt	生成式AI測試回應結果
請撰寫一封關於主題「合作項目會議安排」的電子郵件。 內容包括：主旨、稱呼、正文和結尾。 ・正文部分：需感謝對方的支持，提出會議安排的建議時間，並說明會議議題。 ・結尾部分：需表達期待回覆和見面的意願，並包含發件人的姓名和聯繫方式。	主旨：關於合作項目的會議安排 張經理，您好！ 感謝您對我們公司合作項目的支持。為了進一步討論合作細節，我們希望能與您安排一次會議。會議的主要議題包括項目進度、資源分配和未來的合作計劃。 我們建議的會議時間為×年×月×日（三）上午10點，地點在×××；如有其他合適的時間，請您告知。我們期待您的回覆，並期待能與您見面。 此致 敬上 李小明 ABC公司 聯繫電話：1234-5678 電子郵件：li.xiaoming@abc.com

撰寫電子郵件是一項需要技巧和經驗的工作,並需根據不同情境進行調整。透過掌握基本的格式和適當的禮貌用語,可以讓電子郵件更加專業且具有說服力。理想的電子郵件應具備清晰的結構、簡潔的內容以及明確的表達目的。

　　生成式 AI 能提供快速且合格的郵件範本,減少初期的撰寫負擔,然而,最終的內容完善與語氣調整仍需依賴人工的專業經驗與判斷。透過持續學習和練習,並結合人工智慧的高效性與人類的細膩性,不僅能顯著提升電子郵件的撰寫效率,還能進一步提高內容的質量與專業度。

第 8 章 會議紀錄

● **新手的困擾**

你是否有過這樣的經驗：開完會之後，老闆要求你在明天把會議記錄做好、完成簽文。可是這場會議專有名詞太多，整整一個半小時的會議，自己用手抄沒寫幾個字，大家講話速度又太快，回憶起來卻只有模糊的片段，回去重聽錄音內容也很耗時間，壓力頓時倍增。

面對這樣的挑戰，該如何快速且高效地完成會議紀錄呢？

早期在沒有錄音筆的時代，必須靠著紀錄工作者的耳力、專注力與專業能力，才能夠完成會議紀錄；隨著錄音筆的出現，可以將會議內容保存下來，聽不清楚的地方還可以透過錄音筆再重聽一次；然而，即便有錄音筆，花大量時間重聽還是工作效率的一大門檻。

今日，隨著語音辨識技術，只要錄下來的聲音品質不要太差，即可順利完成轉錄成文字的動作；轉換成文字。

還有一個更重要的動作，該如何把全文內容轉換成重點摘要，這就要靠擅長「文本分析」的生成式 AI 了。

◎ 傳統

錄音 ➡ 轉換文字 ➡ 重點摘要

| 時間成本：100 | 時間成本：100 | 時間成本：100 |

人力一段一段重聽，耳力判別內容後打出來

人力慢慢一點一點看

◎ 生成式 AI

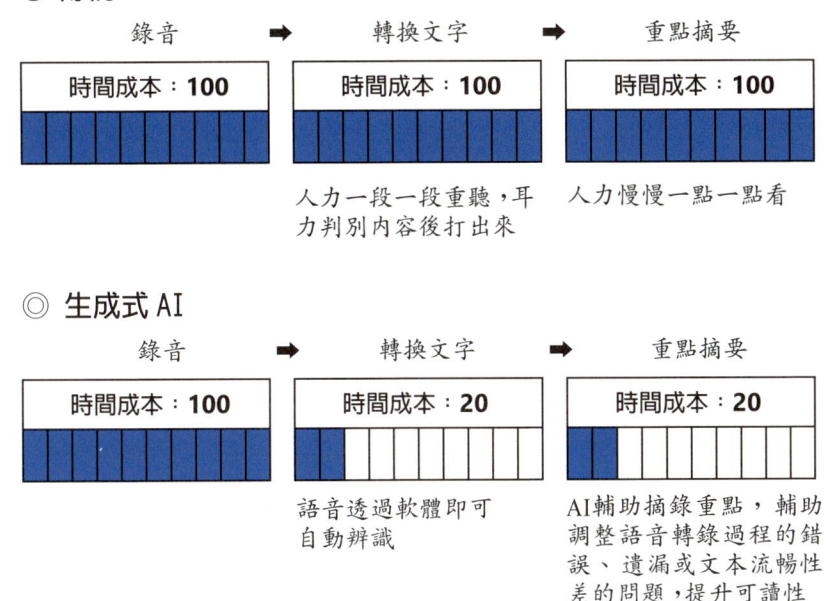

錄音 ➡ 轉換文字 ➡ 重點摘要

| 時間成本：100 | 時間成本：20 | 時間成本：20 |

語音透過軟體即可自動辨識

AI輔助摘錄重點，輔助調整語音轉錄過程的錯誤、遺漏或文本流暢性差的問題，提升可讀性

● 從混亂到重點清楚的會議紀錄

今天老闆看到菜鳥小毛交上來的會議紀錄，差點氣得拍桌子：

> 大家今天討論的主題其實有很多，我們先從銷售數據開始，嗯，那個上個季度的銷售數字，特別是那個北區，成績還是不錯的，我們需要再進一步分析這個區域的消費者行為。接下來是那個市場推廣策略，嗯，我記得小張說過一個很好的點子，就是用社交媒體來推廣新產品，這個可以再具體化一下。還有，嗯，產品研發那邊有什麼新進展嗎？研發部門那邊似乎有一個新的項目正在進行中，對吧，小李？嗯，對，還有我們上次提到的成本控制問題，

這個月的成本比上個月略有上升,財務部那邊要好好檢查一下具體原因。嗯,對了,客戶服務部門反映,有客戶抱怨送貨延誤的問題,我們需要盡快解決這個問題。最後一點,嗯,這個季度的市場趨勢分析報告,大家有沒有什麼意見?好的,那麼今天的會議就到這裡吧,感謝大家的參與。

突然想到公司才弄了幾個生成式 AI 的帳號,遂要求菜鳥小毛使用生成式 AI 幫忙把上面這些會議紀錄摘錄出重點。於是小毛下了指令「請將下列會議紀錄內容重點進行摘要」,產生出來的結果果然不錯:

經過生成式 AI 整理後的會議紀錄重點

① 銷售數據分析

上個季度北區的銷售數字表現不錯,需進一步分析該區域消費者行為以優化策略。

② 市場推廣策略

小張提議使用社交媒體推廣新產品,此點子需要進一步具體化並制定實施方案。

③ 成本控制與客戶服務

本月成本略有上升,需財務部門檢查原因;同時需解決客戶抱怨的送貨延誤問題。

隔沒多久,菜鳥小花也送上來一份讓老闆傻眼的會議紀錄:

今天的會議非常混亂,一開始大家就開始討論新產品的發佈日期,但突然有人提到上週的銷售報告結果很差,然後又有人插話說應該改進市場行銷策略。接著,某位同事又提到供應鏈的問題,說某些零件一直沒法按時到貨,影響了生產進度。然後經理突然要求大家提供一個解決方案,但又沒給足夠的時間讓大家討論。討論中,有人建議改變供應商,但立刻有人反對,因為這樣做風險太大。最後,討論又回到了新產品的發佈日期,大家一致認為應該延後,但沒有定下具體時間。會議中還有人提到公司內部的溝通問題,說各部門之間的資料傳遞不夠及時,影響了整體效率。

老闆想起菜鳥小毛已經會使用生成式 AI,遂叫小毛教還不會使用的小花,結果果然不錯:

① 銷售報告與市場行銷策略:上週的銷售報告結果不理想,有人提議應該改進市場行銷策略,以提升未來的銷售表現。

② 供應鏈問題與解決方案:供應鏈出現問題,某些零件無法按時到貨,影響生產進度。有人建議改變供應商,但這樣做風險較大。

③ 新產品發佈日期:討論最終回到新產品的發佈日期,大家一致認為應該延後,但尚未確定具體時間。此外,有人提到公司內部溝通問題,影響了效率。

最後,透過內部訓練,小毛、小花將自己使用經驗分享出來,以後辦公室的每一位同仁都可以有效率地製作會議紀錄。

● **會議紀錄的種類**

「世傑，會議紀錄何時完成？」

「3 天可以嗎？」

看著對面長官不懷好意的笑容，我知道這個「3 天」是太長了，於是改了個時間，那明天下班前整理出來。

這些長官的笑容還是不懷好意，最後他們也明人不說暗話，要求「會議結束 3 小時內」，就要提交會議紀錄出來；當時我還覺得有點扯，這樣子的要求太誇張了吧！每天工作那麼忙，哪有可以在會議結束後完成會議紀錄。

長官也不是嘴巴說說，下一次會議，副處長就秀了一手，會議還沒結束，就已經把九成的會議紀錄打好傳給我，說給我參考一下；我看了一下內容，才發現真的是有效率。

上述是我在行政院工作的經驗，當時工作非常忙碌，沒有時間將會議紀錄以「全文逐字稿」的形式來製作，而且我們也不是法庭，這種逐字稿並不適用於我們。如同前面的經驗，在行政院要製作會議紀錄，會議還沒結束，甚至於在會議開始前，就已經寫完會議紀錄的九成，只差一些細節要完成。

· 為什麼會議開始前就已經寫完會議紀錄呢？

因為大多數會議前都已經有初步結論，只是等開會後確認各單位是否符合一定條件，是否能配合，壓時間（追蹤進度的時間表）……等細節；過程中大家天花亂墜的討論，那種流水帳不會紀錄下來，因此可以在開會過程中迅速地抓取重點。因此，會議完成後，通常 3 小時內就立即透過電子郵件呈送給長官,確認無誤後,以電子郵件方式發送相關與會人等參考,大多數情況並不需要正式發文,省去許多時間。

> 會議紀錄：
> ①會議前已經完成大部分。
> ②會議紀錄並不需要逐字稿、流水帳,基本上就是討論事項與結論(應辦事項與完成時間)。
> ③以電子郵件取代發文。

然而,大多數政府機關、民間企業未必會將會議紀錄的撰寫加以簡化,所以有些還要有全文逐字稿。因此,本文可以將會議紀錄區分兩種形式：

> ①全文逐字稿：記錄會議中每一句話,適合需要詳細記錄的場合。
>
> 錄音→轉換文字檔→生成式 AI：潤飾文字檔、加上發表意見者之身分
>
> ②重點摘要：只記錄會議中的關鍵點和重要結論,更為簡潔高效。
>
> 錄音→轉換文字檔→生成式 AI：摘要、標題、重點

・錄音階段

錄音是會議紀錄的關鍵階段,直接影響後續整理和重點摘要的品質,因此必須高度重視。

在實際操作中,應根據會議場地及參與人員的配置,進行周全的錄音規劃,以確保聲音資料的清晰度與完整性。以下是錄音階段需要注意的幾個重點補充：

①錄音設備的選擇：使用專業錄音設備能有效減少背景噪音，提升錄音品質。建議選擇具備降噪功能的錄音器材，並視會議規模決定是否需要多點錄音或全向型麥克風。

②錄音位置的規劃：

- 小型會議：如果與會者集中在特定區域，例如報告人位於前排，可以將錄音設備置於前排中央位置，以清楚捕捉講者聲音。

- 大型會議：若會場有麥克風設備，可將錄音設備與音響系統相連，直接錄製來自麥克風的輸出聲音，避免因場地回聲或其他干擾導致的錄音品質下降。

- 移動記錄：若會議形式為多組討論，則需安排專人或便攜式錄音裝置隨時調整位置，確保所有發言都被錄製。

③錄音測試與備案：在會議開始前，應進行錄音測試，確認音量、清晰度及設備運作是否正常。必要時可準備備用錄音設備，以防主設備故障。同時，應確保錄音存儲空間充足，避免中途因存儲不足導致錄音中斷。

④會議流程與發言管理：提前告知與會者錄音安排，並請發言者在發言前報出姓名及身份，便於後續記錄與整理。此外，若有會議主持人，可協助控制發言秩序，避免多人同時發言造成錄音混亂。

⑤錄音品質的重要性：高品質的錄音內容不僅方便後續的文字轉錄，還能減少人工校對的時間，提高會議紀錄的準確性。錄音中的細節，例如講者語氣、重點強調等，也有助於後續整理時抓住核心議題。

⑥隱私與法遵考量：會議錄音涉及與會者隱私，在錄音前應徵得所有參與者同意，並遵守相關隱私及法律規範，避免因違規操作引發不必要的爭議。

● 錄音→轉錄文字

市場上不斷推陳出新許多軟硬體，可以協助錄製會議語音內容，甚至於有些硬體內含辨識軟體，可以直接轉換成文字檔案匯出，甚至於有些還裝設有生成式 AI，可以直接轉換成有標題的重點會議紀錄。

然而，因為大多數軟體需要付費，免費的大多有使用上的限制，因此本文介紹一個許多人會使用的軟體，微軟 Office，其中 Office 365 具備語音聽寫、轉錄功能：

①利用 Office 365 的語音聽寫、轉錄功能：
- 已經取得一個錄音檔案，或者是利用 Office 365 直接進行現場的語音聽寫。
- 使用 Office 365 的語音轉錄功能，將會議的錄音轉換為文字檔案。

②使用生成式 AI 轉換成有標題的重點摘要：
- 利用生成式 AI 工具，將初步的文字稿進行整理和提煉。
  (1) AI 可以幫助我們提取會議中的關鍵重點，每一個重點並生成有標題的重點摘要。
  (2) 每一個重點設定為 300 字的文字描述，確保摘要資料完整且具體。

● 指令格式與範例：製作會議紀錄的文字摘要

當錄製好文字並轉檔之後，會產生一個文字檔案，但格式可能會很混亂，這時候生成式 AI 來協助整理所需要的格式，以下為基本的指令內容：

我的Prompt	生成式AI測試回應結果
請將以下會議內容進行重點摘要，摘要必須要有標題，標題為粗體，每一點重點摘要後面加上300字的文字描述。 文字風格：嚴謹 標號格式為一、（一）、1.、（1）、A、（A）... 會議內容如下：×××……。	（略） 一、××× 內容描述：××× 二、××× 內容描述：××× 三、××× 內容描述：×××

撰寫會議紀錄，特別是重點摘要形式的會議記錄，是一項需要技巧和工具支持的工作。利用現代的技術，如 Office 365、NotebookLM 等語音聽寫和生成式 AI，可以幫助我們快速完成高質量的會議記錄。

目前也已經開發出會議紀錄的有趣應用，生成式 AI 能夠做到將生成式 AI 加進線上會議室，成為成員之一，聆聽整場會議並同時完成會議摘要與紀錄，當用戶有疑問或是漏聽的內容，可立刻詢問 ChatGPT，這功能在商業上將成為非常方便，未來應該能有更多整合功能以及衍生性工具產出。

中 階 應 用 篇

辦公室的中階文字工作

第 9 章　撰寫致詞稿、聲明書、新聞稿

● 剛破案，馬上就要發布新聞

　　以往我在行政院工作時，常常參與會議籌備。一開場，主席通常會致詞，但因為他是受邀而來，對會議主軸未必熟悉，因此承辦單位往往需提前準備一份致詞稿，前一天送到長官的桌上，供其參考。這樣的流程能讓長官更了解會議方向，減少現場措詞不準確的情況。

　　聲明書則是另一種常見的公文，主要表達機關或企業對某件重大事件的立場。無論政府機關、民間企業，甚至是個人，在遇到重大事件時，往往需要發表聲明。聲明書的格式通常簡潔扼要，重點在於清楚傳達立場和應對措施。

　　至於新聞稿，我過去在處理電腦犯罪案件時，經常撰寫新聞稿，提醒民眾提防詐騙或注意個人資訊安全。新聞稿的寫作格式與平面媒體的新聞報導類似：第一段是整體事件的摘要，第二段描述事件的 5H（人、事、時、地、物），第三段則是相關單位的回應及事件的影響和因應措施。

　　多年來，我在新聞稿撰寫方面相當熟練。一份新聞稿通常需要約 60 分鐘，再加上內簽公文的時間共需 90 分鐘左右。如果早就預知需要發新聞稿，前期準備妥當，只需在事件結束後補充數據，實際完成新聞稿和簽文僅需 40 分鐘。

　　對於初學者而言，撰寫新聞稿可能要花更多時間，通常需要來回修改，120 分鐘是跑不掉的。有時，內簽送出後，長官可能因內容不達標而退回重寫，耗費整個早上的時間。這樣一來，

效率自然不高。但透過生成式 AI，新手能快速生成初步的新聞稿和內簽，減少思考怎麼寫、反覆修改的麻煩，顯著提升效率，從而更快速地完成一份有模有樣的新聞稿，並順利通過審核。

◎ **傳統**

蒐集案情資料 ➡ 人工撰寫新聞稿 ➡ 內部簽文

| 時間成本：100 | 時間成本：100 | 時間成本：100 |

◎ **生成式 AI**

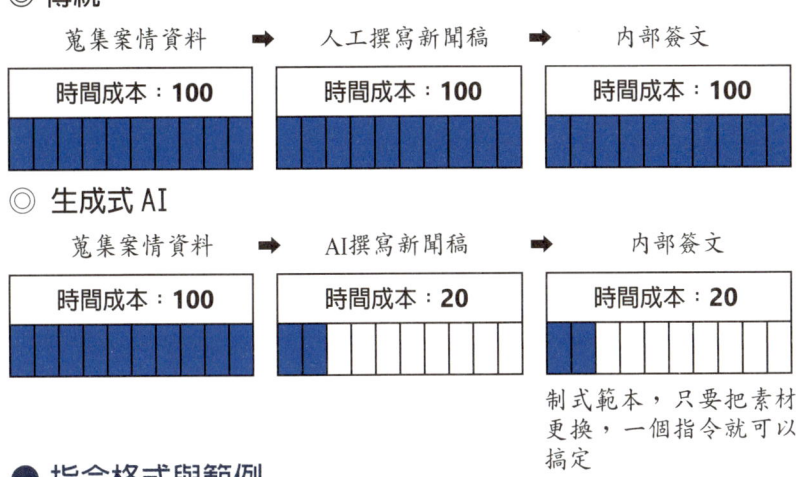

蒐集案情資料 ➡ AI撰寫新聞稿 ➡ 內部簽文

| 時間成本：100 | 時間成本：20 | 時間成本：20 |

制式範本，只要把素材更換，一個指令就可以搞定

● **指令格式與範例**

以下是一個新聞稿格式範例，並說明如何下達 prompt 以生成該新聞稿：

請協助撰寫新聞稿

新聞稿的重點如下：
1. 第一段：××（整個新聞的重點，譬如說本次火災共造成○○人傷亡）
2. 第二段：××（詳細描述火災發生原因、傷亡與救火過程、民眾看法）
3. 第三段：××（說明主管機關的處理措施、未來面臨的問題）
風格：ooo
字數：ooo字
temperature:（0~2）
top_p:（0~1）

請不要只給標題，沒有具體素材而直接產生的新聞稿，感覺會很豐富但卻空洞。

以下是一個致詞稿格式範例，並說明如何下達 prompt 以生成該致詞稿：

請協助撰寫致詞稿
請協助撰寫致詞稿。 背景說明：××× 致詞人：××× 致詞的重點如下： 4. ××× 5. ××× 6. ××× 風格：○○○ 字數：○○○字 temperature:（0~2） top_p:（0~1）

下述兩種致詞稿，主要差別在於不同的情境和受眾，一份是一般民眾，一份是針對宗教界人士，產出的結果就會有些許不同。

致詞稿、聲明書和新聞稿的內容透過生成式 AI 輔助完成之後，還是可以持續進行修正，達到最終可用的版本；也希望本章的這些示範內容，能夠為大家在撰寫類似文稿時提供參考和幫助。

我的Prompt	生成式AI測試回應結果
明天電力公司將要開一場調整電費的協商會議，會議一開始將由經濟部長針對致詞，致詞的重點如下： 1. 環境保護的重要，氣候異常變遷，導致用電量大增，加上AI產業快速發展，許多工廠用電量遽增，希望大家節約能源 2. 目前電費過低，都依賴政府補貼，全民負擔電力公司的虧損，必須調整電價 3. 期望今天針對調整電費的協商能夠順利成功，並且找到一些配套方案，政府部門也將全力支持 請協助撰寫致詞稿	各位貴賓、各位同仁： 大家好！感謝各位今天蒞臨電力調整協商會議。這場會議對於我們的未來發展至關重要，在此，我要強調幾個重點： 首先，環境保護的重要性不言而喻。氣候異常變遷已經導致用電量大幅增加，這對我們的電力供應系統帶來了極大的挑戰。同時，隨著人工智慧產業的快速發展，許多工廠的用電需求也急劇上升。為了確保我們能夠持續提供穩定的電力供應，我們必須從源頭做起，呼籲大家節約能源，共同應對這些挑戰。 其次，目前的電費水平過低，過度依賴政府的補貼，導致全體國民承擔了電力公司的虧損。這種情況是不健康且不可持續的，因此，我們必須面對現實，調整電價以反映真實的成本結構。這樣做不僅能夠減少對政府財政的壓力，也能激勵大家更加節約用電，減少不必要的浪費。 最後，我期望今天的協商會議能夠順利成功，找到一些合適的配套方案。政府各部門將全力支持這次電價調整，希望我們能夠共同努力，達成共識，確保電力系統的長期穩定和可持續發展。 再次感謝各位的參與，期待今天的討論能夠帶來積極的成果。 謝謝大家！ 經濟部長

・指令格式與範例（對象是宗教團體）

我的Prompt	生成式AI測試回應結果
明天電力公司將要開一場調整電費的協商會議，會議一開始將由經濟部長針對致詞，致詞的重點如下： 1. 環境保護的重要，氣候異常變遷，導致用電量大增，加上AI產業快速發展，許多工廠用電量遽增，希望大家節約能源 2. 目前電費過低，都依賴政府補貼，全民負擔電力公司的虧損，必須調整電價 3. 期望今天針對調整電費的協商能夠順利成功，並且找到一些配套方案，政府部門也將全力支持 請協助撰寫致詞稿 對象為各宗教團體，宗教團體可能會有佛教、基督教，因此不能只說阿彌陀佛或者是阿門	各位宗教領袖、各位信眾朋友： 大家好！感謝各位今天蒞臨電力調整協商會議。這場會議對於我們的未來發展至關重要，在此，我要強調幾個重點： 首先，環境保護的重要性不言而喻。氣候異常變遷已經導致用電量大幅增加，這對我們的電力供應系統帶來了極大的挑戰。同時，隨著人工智慧產業的快速發展，許多工廠的用電需求也急劇上升。為了確保我們能夠持續提供穩定的電力供應，我們必須從源頭做起，呼籲大家節約能源，共同應對這些挑戰。 其次，目前的電費水平過低，過度依賴政府的補貼，導致全體國民承擔了電力公司的虧損。這種情況是不健康且不可持續的，因此，我們必須面對現實，調整電價以反映真實的成本結構。這樣做不僅能夠減少對政府財政的壓力，也能夠激勵大家更加節約用電，減少不必要的浪費。 最後，我期望今天的協商會議能夠順利成功，找到一些合適的配套方案。政府各部門將全力支持這次電價調整，希望我們能夠共同努力，達成共識，確保電力系統的長期穩定和可持續發展。 在此，我也要藉此機會，向各位致上最誠摯的祝福： 願大家心靈平和、身心康泰，願各位所在的宗教信仰帶來力量和智慧，幫助我們共同應對未來的挑戰。 再次感謝各位的參與，期待今天的討論能夠帶來積極的成果。 謝謝大家！ 經濟部長

Note

第 10 章 彙整民眾意見、抓緊輿情反應

● 情境：輿情很重要

在現代社會，公眾意見對於政府機關和企業決策有著重要的影響力。了解並分析民眾的意見，不僅有助於制定更加貼近民意的政策，還能提升公共關係和品牌形象。本文將介紹如何利用 G-AI 來高效彙整民眾意見，並提供一些實用的解決方案和指令範例。

在任職公務員時，經常行經公關室，辦公室內部擺滿了很多台電視，主要用於追蹤輿情。這在許多公務單位中都是常見的做法，有些機關甚至還需要派員在家輪班觀看電視，如果有提到機關的新聞，嚴謹一點的作法必須要把新聞要存檔，如果沒有相關設備，也要撰寫新聞摘要後上報。

然而，無論是採購大量設備追蹤輿情、在家追蹤新聞報導，這些作法存在以下幾個缺點：

① **人力資源、時間成本消耗過大**：需要大量人力來輪班監看，成本高且效率低，手動整理和分析大量的評論和討論需要花費大量時間，效率低下。

② **資訊落後**：只能追蹤電視新聞，無法及時捕捉網路上的最新輿情動態。

③ **覆蓋面有限**：目前的監控重心只停留在電視媒體，忽略了網路新聞、社群平台等其他輿論場域。然而，許多人已不再依賴電視獲取資訊，反而更常透過社交媒體關注

> 時事。如果僅仰賴傳統方式鎖定電視媒體，必定會遺漏許多在網路上引發高度關注的議題，進而使分析結果不夠完整或精準。

　　許多更先進的方法已能取代傳統模式中部分的手動搜尋流程。例如，在網路資訊方面，只要透過關鍵字搜尋引擎或設定 Google Alert，一旦網路上出現含有特定關鍵字的新內容，就能自動寄送提醒到使用者的電子郵件信箱，免去了逐一搜尋、篩選的困擾。此外，具備搜尋功能的生成式 AI 也能協助搜尋並快速摘要資料，進一步減輕人工整理的負擔。

　　然而，在某些新聞或貼文下，成千上萬的留言通常能更直接反映網路輿情。若管理者想要深入了解群眾的真實反應，仍須投入大量的時間與精力來收集並分析這些龐雜的討論內容。這顯示即便有了自動化工具，在面對大規模且多元的網路聲量時，依然需要更完善的分析機制與策略。

● 現代解決方案

　　如果有經費，請一些業者幫你爬蟲分析，這是一個最快速有效的方法，唯一的缺點就是要花錢。低成本或無成本解決這個問題，我們可以利用一些現代化的技術手段來高效彙整和分析民眾意見。

　　譬如說發現特定新聞下方有大量民眾討論內容，或者是某個 PTT、Dcard 等社群正出現火爆的討論場景，這些討論內容可以與數位發展部或你所屬單位有關係，並須及時掌握上報，這種已經有特定目標時，抓取資料並不難，只是太多太雜難以分析。不必擔心，分析的工作可以交給生成式 AI。

模式	現行做法	取代與否/取代機制
主要節目錄製	錄製→篩選→摘要	是,部分取代 錄製→AI篩選→AI摘要
新聞網路	搜尋引擎爬找→摘要	是,部分取代 Google Alert、生成式AI搜尋功能 →AI摘要
社交媒體	各社交媒體爬找→摘要	是,部分取代 各社交媒體爬找→AI摘要

● 使用生成式 AI 辨識、彙整、分類民眾意見

以下是利用 ChatGPT 來進行輿情分析的具體步驟:

① 蒐集數據:通過關鍵字搜尋引擎、Google Alert 或社交媒體監控工具,收集相關的新聞、評論和討論。

② 轉換數據:將收集到的文本數據轉換爲適合輸入的格式,以便 ChatGPT 進行分析。

③ 輸入指令:向 ChatGPT 輸入指令,請求它對數據進行分析和總結。

④ 生成報告:根據 ChatGPT 的回應,生成包含關鍵點和總結的輿情分析報告。

◎ **傳統**

發現本機關相關新聞 ➡ 人工蒐集民眾意見 ➡ 資料清理

時間成本：100	時間成本：100	時間成本：100
常見網站蒐集、關鍵字搜尋、Google Alert或社交媒體監控工具等	雖然時間成本相同，但善用各種工具，可以蒐集範圍更廣的資料	人工辨識、分類彙整意見

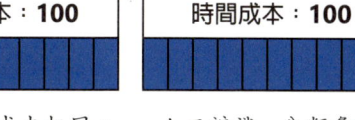

◎ **生成式 AI**

發現本機關相關新聞 ➡ AI蒐集民眾意見 ➡ 免資料清理

時間成本：100	時間成本：100	時間成本：20
常見網站蒐集		生成式AI辨識、分類彙整意見

● **指令格式與範例**

　　假設我們收集到了一些關於某個新政策的新聞和評論，通常有政治味的留言都比較多，某日剛好看到一則新聞《「我繳稅不是為了養共匪」咖啡店怒掛紅布條》，底下留言近4,000則，光是要把留言全部點開，就要花一些時間了，點了好久，我就全選文字，大約近 7,000 字，直接貼到生成式 AI 進行分析，依據下列指令，很快得出效果：

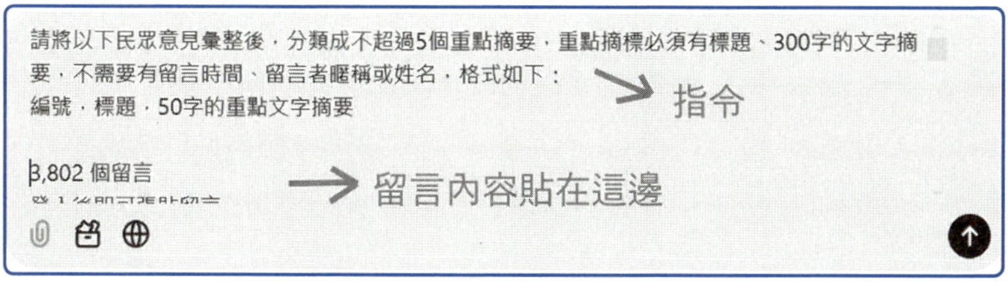

```
請將以下民眾意見彙整後，分類成不超過5個重點摘要，重點摘標必須有標題、300字的文字摘要，不需要有留言時間、留言者暱稱或姓名，格式如下：
編號，標題，50字的重點文字摘要
```
➡ 指令

3,802 個留言
➡ 留言內容貼在這邊

99

我的Prompt	生成式AI測試回應結果
請將以下民眾意見彙整後，分類成不超過5個重點摘要，重點摘標必須有標題、300字的文字摘要，不需要有留言時間、留言者暱稱或姓名，格式如下： 編號，標題，50字的重點文字摘要 …… 新聞標題：「我繳稅不是為了養共匪」咖啡店怒掛紅布條 民眾意見如下： 該查查有沒有繳稅了.. 回覆回覆數(7)67523 阿 阿×× 阿××3 天前 有沒有開發票 回覆回覆數(25)2,35476 ……（內容過長，略）	(1)稅務疑慮：不少民眾提出疑問：店家是否如實申報稅務並開立發票？稅捐處應該針對相關稅務問題進行調查，以確認稅款是否如實繳納，避免有逃漏稅的情況發生。 (2)經營困境：民眾認為，這類立場鮮明的店家往往撐不了多久。他們擔心這樣的政治操作會導致顧客流失，甚至讓店面早早收攤，最後結果無法長久。 (3)對預算使用的反感：許多留言者對稅金被用於特定活動表示不滿。他們認為，公共資金應該用於更合適的用途，而不是支持這類引發爭議的開支，並呼籲刪除不當預算以確保公平。 (4)質疑動機：有留言指出，這樣的表態方式可能只是在蹭熱度或另有圖謀，卻無助於提升店家的實際營收。這樣的操作不僅無法帶來正面效益，反而可能引起更多反感。 (5)對政治立場的回應：針對布條和店家表態，民眾普遍反感這種挑起對立的行為。他們認為，與其高調宣揚立場，不如將精力放在產品與服務的改進上，避免政治議題影響店家經營。

上述指令是測試很久之後，不斷修正而得的一個經驗，重點說明如下：

① 其中指令中有使用到「不超過5個重點摘要」的語句：限制重點數量的原因，主要是為了提升內容的濃縮度與閱讀的清晰度。如果不加限制，過多的重點可能導致重

複類似的意思,或是使讀者不易掌握整體脈絡。透過限制在不超過 5 個重點,可以更集中地呈現主要觀點,避免篇幅拖沓,也讓資訊的層次更加分明。這樣的做法既能提升整體表達的效率,又能使讀者更輕鬆地理解核心內容。。

②「300 字的文字摘要」並不會產生 300 字,大概就只會產生 100 多一點的文字摘要,所以沒有必要浪費時間去檢測是否真的出現 300 字。

③不必強調資料清洗:即使原始意見中混雜了時間標記或暱稱等與發言無關的內容,例如「????????????? 回覆 回覆數(14)16810」或「小 小王 小王2」,生成式 AI 依然能憑藉其語言理解能力從中篩選出真正有價值的信息。相較於傳統方法需要進行額外的「資料清理」步驟,生成式 AI 的優勢在於能直接從原始輸入辨識出關鍵段落或語句,進一步提煉出核心重點並形成摘要,既節省了資料準備時間,也顯著提高了信息提取效率。

第 11 章 翻譯

● 情境：生成式 AI 如何優化跨語言業務溝通

在全球化的今天，跨國業務交流變得日益頻繁。舉例來說，一家在亞太地區設有多個分支機構的製造公司，每月需要向員工發布一份內部技術更新通報。過去，這些通報通常需要聘請專業翻譯公司處理，花費不少時間和金錢。然而，通過生成式 AI，企業現在可以在幾分鐘內完成初步翻譯，接著由內部技術人員快速校對和調整。這不僅大幅縮短了發布時間，也降低了翻譯成本，讓資訊能更即時地傳達到每位員工手中。

這只是其中一個例子。在現代職場中，員工常常面臨大量的外語資料，例如國際合作的契約文件、外商提供的技術手冊、跨國企業內部的政策通告、國際客戶的電子郵件往來，以及多語種的會議記錄等。傳統的人工翻譯雖然精確，但往往需要耗費大量時間和人力資源。尤其是在文件量龐大、內容技術性高的情況下，成本更是居高不下，讓中小型企業或初創公司難以負擔。

隨著技術的進步，生成式 AI 逐漸成為應對這些挑戰的有效工具。它不僅能以較低的成本提供高效的翻譯服務，還能保持一定程度的翻譯質量。生成式 AI 可以快速處理日常的商務郵件，將多語種會議記錄自動翻譯成公司主要使用的語言，並協助整理出易於理解的要點摘要。此外，對於技術文件，生成式 AI 還能學習行業專用術語，提供更準確的翻譯結果。

因此，生成式 AI 的出現為繁忙的現代職場人員提供了高效的輔助工具，讓他們能夠更快地應對跨語言溝通挑戰，在全球化的業務環境中占據優勢。

・傳統翻譯耗時費事

在過去，翻譯一段英文文章往往需要花費大量時間：先從紙本字典中一個字、一個字地搜尋，或是利用早期的電子翻譯機逐字輸入，翻譯完成後還得自行整合出完整句意。這樣的過程不僅繁瑣，也容易在中間出錯。

後來出現了 Google 翻譯（Google Translator）等線上翻譯工具，只需要複製並貼上整段文字，便能快速得到譯文。隨著演算法不斷進步，翻譯準確度逐漸提升，甚至還能針對整個網頁做翻譯。然而，這些工具仍存在一些限制，例如字數上限、對圖片翻譯表現不佳，以及當準確度達到「80 分」後，就很難再往上突破。

直到生成式 AI 的出現，翻譯服務才邁入了新階段。它能夠判斷上下文內容，提供更加「邏輯順暢」的譯文，不再像早期工具那樣生硬難懂。現在，你只需用手機拍下文件、菜單或圖表，就能立即得到清晰的翻譯。想像一下，你在度假時想品嚐國外的在地美食，但菜單上全是陌生文字——只要拿出手機拍一下，不但能快速了解每道料理，還有可能得到更細膩的口味介紹和背景故事，讓旅行變得更加輕鬆愉快。

從「逐字翻譯」到「全文智能翻譯」，生成式 AI 帶給人們前所未有的便利與效率。如今的翻譯世界，不再讓人苦惱於遲遲無法破譯的陌生詞彙，而是能夠即時跨越語言障礙，盡情地享受多元文化。

● 生成式 AI 的翻譯流程與優勢

・以下是利用生成式 AI 進行翻譯的基本流程：

① 文本輸入：將需要翻譯的文本輸入到生成式 AI 翻譯工具中。

② 語言選擇：選擇原文和目標語言，以便 AI 進行正確的語言轉換。

③ 生成翻譯：AI 會自動生成翻譯文本，根據輸入的內容和選擇的語言進行處理。

④ 結果校對：檢查翻譯結果，確保翻譯準確無誤。必要時，對翻譯結果進行微調和修正。

・生成式 AI 翻譯工具，如 ChatGPT，其優勢如下：

① 高效性與低成本性：AI 可以在短時間內翻譯大量文本，提高工作效率；相比人工翻譯，AI 翻譯的成本更低，適合日常大量翻譯需求。

② 實時性：AI 翻譯可以實時處理，即時提供翻譯結果，甚至於現場口說都已經可以即時翻譯，甚至於還能幫忙製作好摘要或會議紀錄。

③ 多語言支持：傳統方式翻譯主要是英文為主，進入到生成式 AI 翻譯時代則進入到多語言模組，滿足不同語言需求的翻譯工作。

生成式 AI 翻譯則通過自動化技術，大大提高了翻譯的效率和實時性，並能處理多種語言和大規模的文本數據。以下是一個傳統翻譯和生成式 AI 翻譯的比較表格：

項目	傳統翻譯	生成式AI翻譯
效率	速度較慢，處理大量文本需時長。	速度快，可即時處理大量文本。
成本	成本高，可能需要支付翻譯人員工資。	成本低，主要為軟體和服務費用。
準確性	高，但可能較為生硬。	高，而且透過全文理解，更能夠正確翻譯出語意。
多語言	取決於翻譯人員的語言能力。	支持多種語言。
人力需求	需要專業翻譯人員，依賴人力資源；後來雖然科技輔助，但時間成本仍高，翻譯品質仍有不足。	不需要大量人力，翻譯品質極高。

● **指令格式與範例**

假設我們需要將一段英文文本翻譯成中文，我們可以向 ChatGPT 輸入以下指令：

我的Prompt	生成式AI測試回應結果
"請將以下英文文本翻譯成中文： 'We are pleased to inform you that your application has been approved. Please find the attached document for further details.'	"我們很高興地通知您，您的申請已被批准。請查閱附件以獲取更多詳情。"

我的Prompt	生成式AI測試回應結果
先不要翻譯圖片內容，只要顯示日文原文，並且依照圖片方式分段下一步，請在每一個段落下方加入繁體中文翻譯	好的，我會按照您的要求，先列出日文原文並分段，然後在每段下方加入繁體中文翻譯： コンピューターが人間のように考えるようになるというAIの概念が生まれたのは1950年代と、つい最近である。AIが　際に活用されるようになったのは2015年と、さらに近いことになっている。 [繁體中文翻譯] 電腦能像人類一樣思考的AI概念誕生於1950年代，是相當近期的事。而AI真正開始被實際應用是在2015年，更是近在咫尺。 データの分析に長けているわたしたち人間よりずっと優秀だ。ところが、それ以外はほとんど役に立たない。食洗機から食器を取りだすことはできない。そのために、膨大なデータが蓄積されるまでがんの治療法を見つける手助けをする。 [繁體中文翻譯] 在數據分析方面，AI比我們人類更加優秀。但是，除此之外幾乎派不上用場。它無法從洗碗機中取出餐具。正因如此，它需要大量數據積累才能協助找出癌症的治療方法。

　　同樣的文字，我們比較一下上面表格中的文字，分別交給Google Translator、Claude，翻譯出來的結果有什麼差別呢？

日文原文：

> 　　データの分析に長けているわたしたち人間よりずっと優秀だ。ところが、それ以外はほとんど役に立たない。食洗機から食器を取りだすことはできない。そのために、膨大なデータが蓄積されるまでがんの治療法を見つける手助けをする。

Google Translator	Claude
他們比我們人類更擅長分析數據。然而，除此之外，它沒有什麼用。您不能將餐具從洗碗機中取出。為此，我們將協助找到癌症的治療方法，直到累積大量數據。	在數據分析方面，AI比我們人類更加優秀。但是，除此之外幾乎派不上用場。它無法從洗碗機中取出餐具。正因如此，它需要大量數據積累才能協助找出癌症的治療方法。

　　由上表可見，Google 翻譯偏向逐句翻譯，而 Claude 則會根據完整的上下文語意，提供更貼合語境的翻譯結果。然而，隨著大語言模型的迭代發展，誰優誰劣還很難說！

第12章　簡報檔製作

● 簡報不是主角，是幫助你達成目標的輔助工具

簡報的角色不在於成為核心，而是輔助你達成目標的工具。在不同情境中，簡報的功能和重要性各有差異。

首先，簡報在現代職場中的角色無庸置疑。無論是匯報工作進展、展示項目成果，還是進行培訓和演講，簡報能幫助我們清晰傳達資料，並以視覺化方式更有效地說服觀眾。透過製作高質量的簡報，講者不僅能強化表達效果，還能提升個人的專業形象。那麼，什麼樣的簡報才算是「高質量」的？這取決於它是否能針對目標受眾，清楚呈現關鍵內容並提供實用指引。

以生成式 AI 主題的演講為例，演講的核心目的是教導學員如何下達生成式 AI 指令（Prompt）的技巧。在這樣的場景下，真正關鍵的是「現場實作」，而不是僅僅依賴簡報。簡報在這裡更多是一種「輔助工具」，用於支援學員的操作。例如，講者可以製作一份簡報，涵蓋登入和安裝的操作步驟，讓學員拿著簡報當作「類操作手冊」，一步一步完成相關設定。這樣，簡報的價值在於輔助學員的實際操作，而非成為演講的主體。

總的來說，簡報的重點不在於單獨的內容，而是如何協助目標受眾更輕鬆地理解和完成任務。以受眾需求為出發點、提供實用性指引的簡報，就是高質量簡報的關鍵。

● 簡報檔的基本結構

一份完整且有條理的簡報通常包括以下幾個關鍵部分：

①封面頁：封面頁應該簡潔明了，清楚傳達簡報的主題與背景資訊。通常會包含：

- 簡報標題
- 日期
- 演講者姓名
- 演講者的職位或所屬組織

②目錄頁：目錄頁的目的是幫助觀眾快速理解簡報的邏輯結構和內容分佈。通過列出主要章節和重點，可以讓觀眾提前掌握簡報的框架，方便跟隨講者的節奏。

③主體部分：主體部分是簡報的核心，通常由多個章節組成，每個章節展現不同的主題或重點內容。這部分應包括：

- 條理清晰的文字段落
- 直觀的數據圖表
- 與主題相關的案例分析
- 具體的行動建議或解決方案

　主體內容應該邏輯清晰、層次分明，讓觀眾能迅速抓住重點。

④結論：結論部分用於重申簡報的核心觀點，幫助觀眾強化對關鍵資料的記憶。可以包含：

- 主要觀點的簡短回顧
- 最重要的結論和下一步建議
- 激勵性結尾語句，鼓勵觀眾行動或進一步思考

⑤問答環節與結尾頁

　　最後，留出時間和頁面來進行觀眾問答，促進互動交流。結尾頁則應包括：

- 感謝觀眾的參與
- 再次強調演講的關鍵信息
- 提供聯繫方式（如電子郵件、網址等）以方便後續溝通

透過這樣的基本結構，一份簡報可以既有條理又具吸引力，幫助講者更有效地傳達信息，同時讓觀眾能更輕鬆地理解和記住重點。

● 利用生成式 AI 製作簡報

生成式 AI 工具，如 ChatGPT，可以幫助我們快速製作高質量的簡報。以下是利用生成式 AI 製作簡報的具體步驟：

① 輸入主題和關鍵點：向 AI 工具輸入簡報的主題和主要內容，請求 AI 生成簡報的框架和結構。

② 生成內容：利用 AI 生成簡報的具體內容，包括文本、數據和圖表。

③ 編輯和完善：根據生成的內容進行編輯和修訂，確保簡報的準確性和專業性。

④ 設計和美化：使用簡報模板和設計工具，對生成的簡報進行美化和設計，提升視覺效果。

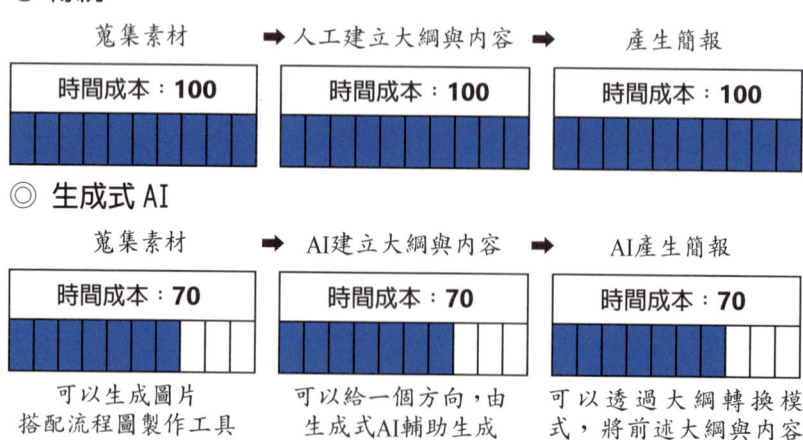

◎ 傳統

蒐集素材 ➡ 人工建立大綱與內容 ➡ 產生簡報

時間成本：100　　時間成本：100　　時間成本：100

◎ 生成式 AI

蒐集素材 ➡ AI建立大綱與內容 ➡ AI產生簡報

時間成本：70　　時間成本：70　　時間成本：70

可以生成圖片搭配流程圖製作工具　　可以給一個方向，由生成式AI輔助生成　　可以透過大綱轉換模式，將前述大綱與內容轉換成簡報檔，但專業的簡報平台（如Gamma）功能更強

・指令格式與範例

我的Prompt	生成式AI測試回應結果
製作一份關於行銷人員「如何經營Youtube頻道」的簡報。 使用大綱模式呈現。	①簡介：為什麼要經營 YouTube 頻道？ ・提出數據：全球 YouTube 用戶數量、觀看時長等 ・說明品牌經營 YouTube 的潛在好處：增加品牌曝光、建立專業形象、增加轉化機會等 ②目標設定 ・明確頻道的目標：提高品牌知名度、建立專業形象、增加銷售等 ・定義目標受眾：受眾年齡層、興趣、觀看習慣等 ・設定 KPI 指標：訂閱數、觀看次數、互動率（留言、喜歡、分享）等 ③頻道定位與風格 ・選擇內容類型：教學影片、產品評論、行業趨勢、生活方式等 ・定義風格：專業型、輕鬆幽默、親民等 ・確保視覺一致性：頻道封面、縮圖風格、標題字體等 ④內容策劃 ・影片主題篩選：根據受眾需求、搜尋熱度、品牌關鍵字等 ・影片腳本與結構：簡單清晰、強調關鍵訊息，通常包括開場、主題、結尾行動呼籲 ・規劃發布頻率：保持穩定更新（如每週一次），讓觀眾有期待感 ⑤SEO 優化 ・標題：使用熱門關鍵字且能引起點擊興趣 ・描述：概述影片內容，包含品牌與影片關鍵字 ・標籤：添加相關標籤，以增加搜尋排名和推薦機會 ⑥盈利模式（可選） ・開啟 YouTube 廣告收益 ・與品牌合作或推廣商品 ・探討成為會員、贊助等盈利方式 ⑦結語：持續創新與成長 ・鼓勵行銷人員持續學習 YouTube 平台趨勢 ・提醒品牌應與時俱進、隨時調整頻道經營策略

・AI 生成內容轉換成簡報檔

將 AI 生成的內容快速轉換為簡報檔,可以遵循以下步驟:

①使用 Word 檔案進行結構化:
- 首先,將生成的內容複製並貼到空白的 Word 文件中。
- 將所有內容設置為「標題 2」樣式,以統一階層格式。
- 接著,針對主要段落或章節(如數字開頭的部分),將其改為「標題 1」樣式,形成清晰的結構層次。
- 完成後,將文件存儲為 RTF 格式,以便進一步處理。

②在 PowerPoint 中導入大綱 接下來,打開 PowerPoint 並進行以下操作:
- 點擊《插入》,選擇《新投影片》中的《從大綱插入投影片》。
- 選擇剛剛保存的 RTF 文件,系統會自動根據 Word 中的階層標題生成投影片。
- 這樣一來,就會產生一份簡報初稿,您可以進一步編輯和美化。

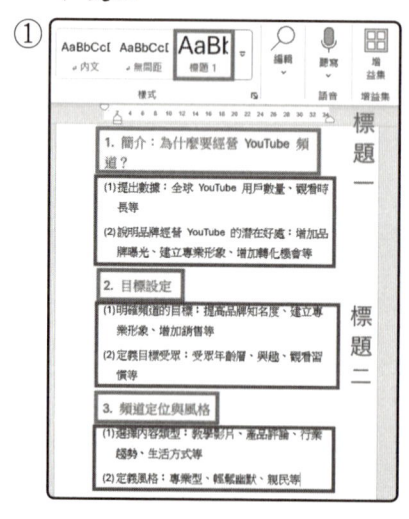

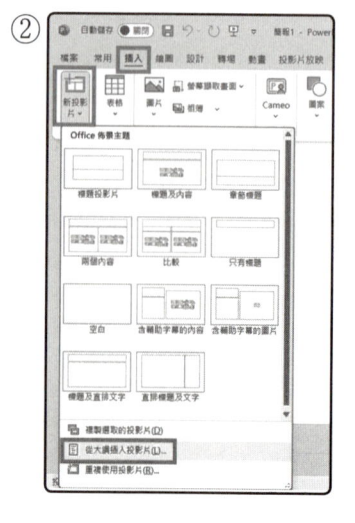

● 善用簡報專業工具

生成式 AI 技術的發展,的確已改變了許多工作的進行方式,讓我們的效率得以顯著提升。尤其是生成式 AI,在激發創意和提供靈感方面,成效頗為顯著。然而,當我們試圖用生成式 AI 直接製作簡報時,卻可能遇到一些限制。例如,雖然網路上有聲稱一鍵生成簡報的工具,但實際操作下仍可能需要不少人工調整,才能達到理想的呈現效果。

這時候,專業工具的價值便突顯出來。像 Gamma 或 Canva 這類專為設計簡報和網站而設計的 AI 工具,不僅能一鍵生成,還能提供有條理的結構、視覺化的圖表,以及流暢的文字內容。這些生成的模擬度極高,無論在美觀度或資訊的完整性,都能幫助使用者快速完成工作,堪稱是現代職場人的絕佳助手。

・利用 PowerPoint 內建的 Copilot 幫助你完成簡報檔

Copilot 是一個強大的 AI 簡報設計助手,能幫助使用者快速完成高品質的簡報檔。使用方式很簡單,首先在輸入框中描述剛剛生成的簡報大綱,將內容貼到指定內容輸入框中(如下圖),Copilot 會根據您提供的資訊,自動生成完整的簡報架構,包括章節標題、內容重點、數據呈現等。

> Copilot 的優勢在於:
>
> ・智能排版:自動調整版面配置,確保視覺效果專業
>
> ・內容建議:根據主題提供相關資料和論述重點
>
> ・視覺元素:推薦適合的圖表、圖示和配色方案
>
> ・一致性維護:自動統一字體、顏色和版面風格

操作過程中，您可以隨時調整或修改 Copilot 的建議。系統會即時更新內容，讓您在最短時間內完成一份專業的簡報。不論是商業報告、教學簡報還是提案文件，Copilot 都能協助您事半功倍地完成工作。

這種 AI 輔助設計的方式，不僅節省了大量構思和排版時間，也確保了簡報的專業品質，是提升工作效率的得力助手。

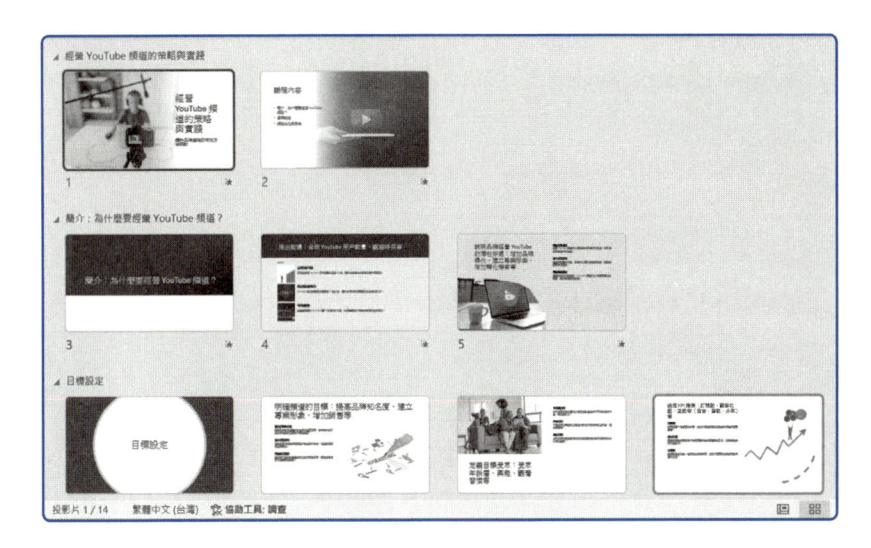

然而，製作一份高質量的簡報，依然需要技巧與經驗的結合。良好的簡報不僅要有清晰的結構設計，還要能有效運用視覺元素，使資料的呈現更加生動且易於理解。

生成式 AI 作為輔助工具，可以顯著加速簡報的製作流程，並幫助我們完善內容，使其更具說服力。通過持續學習並靈活運用這些技術和工具，我們能夠在簡報製作中展現更高的專業性和表現力。

第 13 章　流程圖製作

● 從生活中的流程圖開始，讓繁瑣變得清晰

・流程圖的概念

我們的日常生活中，常常會無意間用上「流程圖」的概念，只不過形式簡單很多。想像一下：

- 煮一道家常料理前，你是不是會先拿出紙筆，寫下一張食材清單製作步驟，接著按著步驟把菜端上桌？
- 打包行李時，你可能習慣列一份必帶物品的清單，確保不會落下任何重要物件。
- 規劃旅遊行程呢？大概也少不了列出景點順序，搭配各種交通方式，讓旅程輕鬆順暢。

這些看似不起眼的小舉動，其實都是流程思考的縮影。把目光從日常移到專業領域，這種流程思維更是大有用武之地。：

- 研究生撰寫論文時，會繪製一份清晰的架構圖，讓研究方向不再模糊。
- 律師在分析複雜案件時，往往使用人物關係圖來釐清案件的來龍去脈。
- 企業在導入人工智慧之前，更需要梳理現有的工作流程，將整體運行模式可視化，才能確保後續導入順利。

不論是日常生活還是專業場景，當我們把一件件看似複雜的任務圖像化、清晰化後，繁瑣的事情就變得條理分明。讓我們從生活中的簡單流程開始，逐步將繁雜化為清晰，從而輕鬆駕馭生活和工作的各種挑戰。

・流程圖的簡介
　　流程圖（Flowchart）是一種用於視覺化各種過程或步驟的工具。它透過簡單的形狀和箭頭，清楚地展現出一個流程中的每個環節如何連接、轉換，並以直觀的方式描繪出過程中的處理、決策和順序。無論是在業務管理、軟件開發，還是項目管理中，流程圖都能幫助使用者更好地理解複雜系統、簡化工作流程，甚至用於教學和溝通。

● 應用範圍與生成式 AI 的優勢
　　流程圖的靈活性使其能廣泛應用於許多領域，比如釐清業務步驟、優化軟件開發過程，或是制定專案的時間表。而生成式 AI 的加入，則讓流程圖的製作變得更快速、精確。通過提供流程的起點和終點，以及相關的資料，生成式 AI 可以迅速生成一份直觀的流程圖，並自動排布步驟、標註關鍵節點，甚至標明每一步的所需資源或條件，省去了大量手動設計的時間與精力。

● 書籍製作到書店銷售的流程範例
　　以書籍製作與銷售為例，這個流程的起點是書籍的企劃，終點是書店中的書籍銷售。生成式 AI 可以根據輸入的主要步驟和相關信息，生成一份完整的流程圖，展現每一階段的重點事項，從企劃、稿件撰寫、編輯校對、設計排版，到印刷、物流配送，以及最終的書店陳列和銷售。這樣一份流程圖不僅有助於相關團隊快速掌握全局，也能幫助管理者識別潛在的瓶頸，進而採取更有效的改進措施。

　　流程圖作為一種強大的視覺化工具，能夠將複雜的工作環節簡化為一目瞭然的圖形結構，而生成式 AI 則進一步提升了流程圖製作的速度與精度。透過合理應用這些工具和技術，無論是規劃書籍出版流程還是優化其他業務步驟，都能更加高效、便捷地完成。

● **繪製流程圖的步驟**

讓我們以「從書籍企劃到書店銷售」的流程圖為例，具體說明如何構建這樣的圖表：

①明確流程圖的主題：首先，確定你要繪製的流程圖主題。此處的主題是「書籍的製作和銷售流程」。你需要將整個過程視覺化，幫助自己和團隊了解每個環節的進行順序。

②定義每個步驟：接著，列出每個具體的流程步驟。
- 開始點：書籍企劃階段。
- 中間步驟：概念討論 → 內容創作 → 編輯校對 → 設計與排版 → 印刷 → 發送至物流中心 → 配送到書店。
- 終點：書店中的書籍銷售。

這些步驟構成了整個流程的主幹。

③選擇合適的工具：使用能方便繪製流程圖的工具，例如：
- Draw.io：簡單易用，功能齊全。
- Lucidchart：線上協作功能強大。
- Microsoft Visio：適合企業環境，與其他Office工具整合良好。
- 手寫草圖：如果你更偏愛紙筆記錄，手繪草圖也可以作為初步設計的起點。

④使用生成工具輔助：如果希望快速生成流程圖的內容和格式，可以使用生成式AI輔助：
- ChatGPT：提供相關指令，生成描述流程的代碼或文字，之後將其導入專業流程圖工具。
- Claude：直接根據指令生成完整的流程圖並提供代碼，快速形成初稿。

通過這些步驟，從確定主題、明確步驟，到使用適當的工具繪製，最終形成清晰、結構化的流程圖，使整個書籍製作和銷售流程一目瞭然。

我個人偏好 Claude 的 Artifacts 直接繪製，譬如說我直接請 Claude 設計一套出版流程，在修正了幾次後，就畫出不錯的結果：

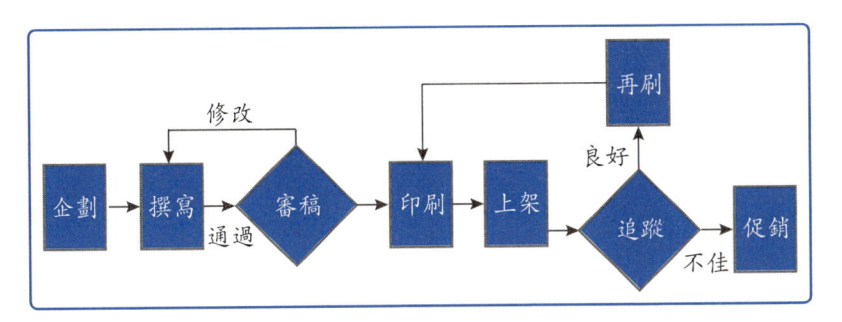

企劃 → 撰寫 → 審稿（修改／通過）→ 印刷 → 上架 → 追蹤（良好 → 再刷／不佳 → 促銷）

另外，也可以 Copy Claude 產生的 QRCode 到其他平台進行處理。

QRCode →

・流程圖指令格式與範例

我的Prompt	生成式AI測試回應結果
請幫我生成一個流程圖，描述從書籍企劃到書店銷售的步驟。步驟應包括： 1. 書籍企劃 2. 主題和內容的決定 3. 寫作 4. 編輯 5. 設計封面 6. 印刷 7. 分銷 8. 書店銷售 可以在mermaid上面使用	flowchart TD A [書籍企劃]→B [主題和內容的決定] B→C [寫作] C→D [編輯] D→E [設計封面] E→F [印刷] F→G [分銷] G→H [書店銷售]

接著，可以將生成式 AI 所提供的代碼，貼到 Mermaid Live Editor（https://mermaid.live/），就可以自動跑出下列流程圖：

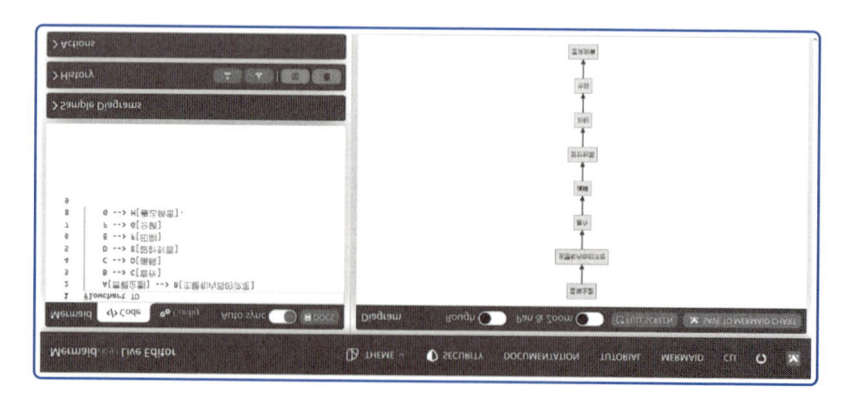

・樹狀圖指令格式與範例

我的Prompt	生成式AI測試回應結果

請幫我生成一個樹狀圖，描述從民法行為能力的架構。
架構應包括：
主標題：行為能力
(1)年齡
滿18歲成年人→完全行為能力(民法12)
滿7歲，未滿18歲→限制行為能力(民法12 II)
未滿7歲→無行為能力(民法12 I)
(2)精神狀況
精神狀況正常
(3)因精神障礙或其他心智缺陷，致其為意思表示或受意思表示，或辨識其意思表示效果之能力，顯有不足者→輔助之宣告（民法15-1、15-2）
因精神障礙或其他心智缺陷，致不能為意思表示或受意思表示，或不能辨識其意思表示之效果者→監護之宣告(民法14、15)
可以在mermaid上面使用
	D→G[完全行為能力\<br\>民法12]
	E→H[限制行為能力\<br\>民法12 II]
	F→I [無行為能力\<br\>民法12 I]
	
	C→J [精神狀況正常]
	C→K [精神障礙或心智缺陷\<br\>意思表示能力顯有不足]
	C→L [精神障礙或心智缺陷\<br\>不能為意思表示]
	
	J→M[完全行為能力]
	K→N [輔助之宣告\<br\>民法15-1、15-2]
	L→O [監護之宣告\<br\>民法14、15]
	
	  style A fill:#f9f,stroke:#333,stroke-width:2px
	  style B fill:#ccf,stroke:#333,stroke-width:2px
	  style C fill:#ccf,stroke:#333,stroke-width:2px
	
	（Claude生成）

（見次頁）

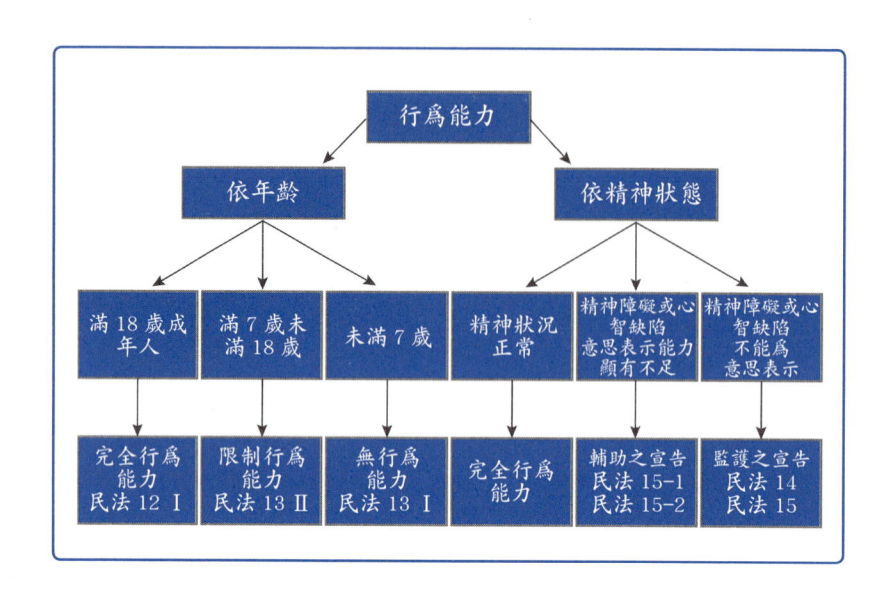

```
                            行為能力
                    ↙                    ↘
              依年齡                    依精神狀態
          ↙    ↓    ↘              ↙        ↓        ↘
   滿18歲成  滿7歲未  未滿7歲    精神狀況   精神障礙或心   精神障礙或心
   年人      滿18歲              正常      智缺陷        智缺陷
                                          意思表示能力   不能為
                                          顯有不足       意思表示
     ↓        ↓       ↓          ↓           ↓            ↓
   完全行為  限制行為  無行為    完全行為   輔助之宣告    監護之宣告
   能力      能力      能力      能力       民法15-1      民法14
   民法12 I  民法13 II 民法13 I              民法15-2      民法15
```

高 階 應 用 篇

辦公室的超強戰力

第 14 章　招募人才分析

● 情境：遇到女性就扣分的系統！？

在美國的實務中，曾有過一個知名的性別歧視案例——亞馬遜（Amazon）決定停止使用其內部開發的 AI 招聘系統，原因在於這套系統存在對女性應徵者的歧視。回溯到 2014 年，亞馬遜的技術團隊設計了一個自動化審核履歷表的系統，能夠根據應徵者的背景和資歷將履歷評分為一到五星，並篩選出最優質的前五名候選人[5]。

然而，問題出在系統所使用的原始數據集。這些數據來自過去十年的聘用紀錄，因為在過去，亞馬遜的聘用對象多以男性為主，因此當系統遇到履歷中出現「女性」相關字眼時，會自動降低該應徵者的評分。雖然亞馬遜嘗試修改算法，試圖減少性別偏見，但該問題根深蒂固，難以完全根除。最終，為了避免繼續使用一個有性別歧視疑慮的系統，亞馬遜選擇放棄該 AI 人才招募系統，免於引發更多爭議。

● 招募與篩選人才的過程

傳統的人力資源篩選過程中，由於履歷表數量龐大，人資部門往往傾向於採用簡單的篩選標準，例如根據「學歷」來快速淘汰應徵者，導致不少沒有台成清交背景的優秀求職者在 5 秒內即遭剔除。然而，這種快速篩選方法缺乏科學性，可能使企業錯失真正符合需求的人才；但若逐一進行仔細篩選和面試，又會大幅增加招募成本。

因此，人工智慧輔助篩選與招聘的應用逐漸受到重視。

---

[5] Amazon scrapped 'sexist AI' tool，https://www.bbc.com/news/technology-45809919。(最後瀏覽日 2023 年 9 月 20 日)

在張貼徵才資訊、回應應徵者以及處理招募流程方面，AI 技術能有效提高效率。根據調查顯示，50% 的受訪企業已經在使用 ChatGPT 進行部分招聘工作，另有 30% 的企業計畫在近期導入相關工具。這反映出 AI 在人才招募中的應用不僅是新趨勢，更可能成為未來標準流程的一部分。

● **會不會有偏見？**

正如亞馬遜的案例所示，若演算法的訓練數據來源於過去具有性別偏見的聘用紀錄，人工智慧可能會無意中學習並延續這種偏見，甚至在某些情況下會加深問題。

有專家認為：「儘管形式上排除人為決策，但由於演算法背後仍是人為操作，且人工智慧透過深度學習（Deep Learning）亦可能複製人類的偏見以及歧視，因此，人工智慧導入後，不僅可能造成間接歧視，亦有直接歧視的疑慮。」[6] 因此，如何在導入應用時，發覺演算法缺陷以避免可能的不公，將是未來科技社會發展的重要課題[7]。

在實務中，像 ChatGPT 這樣的生成式 AI 能夠在分析履歷時，依據候選者的技能、經驗和能力給出建議，並且在涉及種族、性別等敏感因素時強調「評估應基於能力與經驗，而非個人特徵」。這樣的設計初衷是避免偏見，但最終的效果取決於模型的訓練數據和應用場景。

因此，如何在應用過程中發現並修正演算法的潛在偏見，成為了一項極為重要的挑戰。透過定期的數據審查、透明化的演算法設計以及對偏見的嚴格檢視，我們才能確保人工智慧的評估結果更加公平和值得信賴。

---

[6] 財團法人資訊工業策進會，108 年度「人工智慧 (AI) 技術導入對金融服務業之勞動法制影響調查」，頁 139，勞動部 2019 年委託研究，2020 年 2 月。

[7] 是誰教機器人性別歧視？人工智慧複製人類偏見，https://pansci.asia/archives/311942。

・指令格式與範例：輔助完成多名求職者比較的工作

> 目前有一個 xx 職缺，人選如下：
> A 女：年齡、學歷、經歷、擅長、其他說明。
> B 女：年齡、學歷、經歷、擅長、其他說明。
> 請將上列人選資料進行比較分析，並從 XX 職缺的角度，推薦適當人選，並說明理由，不推薦人選，也簡單說明理由？

我的Prompt	生成式AI測試回應結果
我目前有一個擅長行銷的職缺，以下有兩位人選： A女性，1990年生，大學法律研究所畢業，曾任事務所秘書、總經理秘書、董事長秘書，外語能力不佳、數學能力極差，擅長一般行政工作，個性吃苦耐勞，曾經協助出版品行銷工作，負責拍攝影片、文案規劃。 B女性，1992年生，大學英文系畢業，目前就讀法律研究所，曾任職法式餐廳員工、一般貿易公司員工、現為政府部門人員，語文能力強，有銷售女性保養品、擔任團購電商的經驗，擅長拍照、攝影剪接、文案。 請將上列人選資料先以表格進行比較分析，並從行銷職缺的角度，推薦適當人選，並說明理由，不推薦人選，也簡單說明理由？	從行銷職缺角度的推薦分析 推薦人選：B 推薦理由： 1.語文能力強：行銷工作需要與各種不同的客戶和團隊溝通，B的語文能力強，有助於更好地與客戶和團隊交流，並撰寫優質的行銷文案。 2.銷售和電商經驗：B有銷售女性保養品和擔任團購電商的經驗，這些經歷使她對市場和客戶需求有更深入的了解，有助於制定有效的行銷策略。 3.攝影和剪接技能：B擅長拍照和攝影剪接，這些技能在現代行銷中非常重要，特別是在製作吸引人的視覺內容方面。 4.文案能力：B擅長撰寫文案，這是行銷工作中的核心技能，能夠創作出有吸引力的廣告和宣傳內容。 不推薦人選：A 不推薦理由： 1.外語能力不佳：現代行銷工作經常需要處理多語言環境，A的外語能力不佳可能會限制她在國際行銷中的表現。 2.數學能力極差：行銷工作需要進行市場分析和數據解讀，A的數學能力極差可能會影響她在這些方面的表現。 3.行政工作經歷為主：A的經歷主要集中在行政工作上，雖然她有一些行銷經驗，但相比B來說，她的行銷實戰經驗較少。

項目	人選A	人選B
性別	女性	女性
出生年份	1990年	1992年
學歷	大學法律研究所畢業	大學英文系畢業，目前就讀法律研究所
工作經歷	- 事務所秘書 - 總經理秘書 - 董事長秘書 - 曾協助出版品行銷工作。	- 法式餐廳員工 - 一般貿易公司員工 - 現為政府部門人員 - 有銷售女性保養品、團購電商經驗
語言能力	外語能力不佳	語文能力強
數學能力	極差	-
專業技能	- 擅長一般行政工作 - 吃苦耐勞 - 負責拍攝影片、文案規劃	- 擅長拍照 - 攝影剪接 - 文案撰寫
行銷經驗	- 曾協助出版品行銷工作	- 有銷售女性保養品、團購電商經驗

最後，生成式AI還提供了上述表格，並做出一個結論：

總結

根據以上分析，人選B在語文能力、銷售和電商經驗、攝影和剪接技能以及文案能力方面均優於人選A，因此，從行銷職缺的角度推薦人選B為適當人選。

人選A雖然有一些行銷經驗，但其外語和數學能力的限制以及主要行政工作背景，使她不如人選B那樣適合這個行銷職缺。

第15章　計畫編撰

● 接下這個神秘大計劃後，我該怎麼辦？

「明年的超級計劃就交給你了！」當我接到這個長官指令的瞬間，心裡的情緒簡直像過山車一樣起伏不定。一方面覺得這是個前所未有的機會，另一方面又擔心自己完全沒有方向。畢竟這可是個全新、超大規模的任務，沒有人留下任何 SOP，也找不到先例可以參考。過去的負責人甚至連一個線索都沒有給我，我只能一邊搜尋資料，一邊努力不讓焦慮吞噬理智。

我坐在書桌前，手指無意識地敲著鍵盤，心裡冒出無數的疑問：這計劃到底要怎麼進行？該從哪裡開始著手？我需要哪些資源？該和誰合作？我的腦中像在演一部多線敘事的偵探劇，而我就是那位努力拼湊線索的主角。

接下這個大挑戰的我，不禁感到一絲興奮夾雜著困惑和期待——這會是一場精彩的冒險嗎？還是一趟學習的旅程？答案，得看我接下來的每一步如何踏出。

● 生成式 AI 真的能成為你寫計畫的最佳幫手！

想了半天沒進展，這時想到生成式 AI，這樣的科技幫手能帶來驚人的啟發。畢竟它的訓練資料中，原本就有不少計畫範例可供參考。以下提供幾個具體步驟，幫你快速掌握撰寫方向：

①從簡單指令開始：如果你完全沒概念，可以先用一個簡單的指令測試一下：「請幫我撰寫一篇聖誕節嘉年晚會活動計畫」。讓 AI 生成一份初稿，這份草案或許不會

完美,但可以幫助你了解生成式 AI 的基本輸出水準。
② 分階段逐步完善:初稿出來後,你可能會發現還有很多細節需要補充或調整。這時就可以分階段增加需求,比如:
- 「請增加經費預算的詳細內容」
- 「請補充活動當天的時間表」
- 「請列出可能用到的宣傳管道」

這樣逐步完善的方式,可以讓生成的計畫越來越精確和全面。
③ 專注於細節與結構:一個好的計畫不僅是文字通順,還需要有清晰的架構與全方位的考量。你可以用不斷地下指令要求 AI 補充背景資料、風險評估、執行步驟、後續追蹤等,讓計畫從草稿逐步成為全面的指引文件。
④ 不斷迭代,越用越精準:生成式 AI 就像一位耐心的助理,你的每次提問都會讓結果更接近需求。即使剛開始效果平平,只要不斷微調問題、提供更多背景資訊,最終你會得到一份有模有樣的計畫。

・從最簡單的指令開始

格式:

請幫我撰寫一篇 ××× 活動計畫。

讓我們實際下一個指令「請幫我撰寫一篇聖誕節跨年晚會活動計畫」,跑出如下內容:(以下只顯示大綱)

聖誕節暨年終晚會活動計畫	
一、活動背景與目的	六、活動內容詳述
二、活動日期與地點	七、活動準備工作
三、活動對象	八、活動預算
四、活動主題	九、風險管理
五、活動流程	十、結論

這種格式很適合當作內部簽核的附件，但長官是否批准通過這一份計畫，最重要的環節還是「六、活動內容詳述」，接著我們來細看第六點的細項：

六、活動內容詳述
㈠員工入場、簽到
㈡開幕致詞
㈢自助晚餐
㈣聖誕節表演節目
　1. 員工自編自演的節目，如舞蹈、歌曲、小品等。
　2. 邀請專業表演團體進行節目表演，增加活動的趣味性和娛樂性。
㈤遊戲互動環節
　1. 設置各種趣味遊戲，如猜謎語、抓娃娃、飛鏢等。
　2. 獲勝者可獲得小獎品，增強員工參與感和互動性。
㈥抽獎活動
　1. 準備豐富的抽獎獎品，包括電子產品、家電、購物卡等。
　2. 分多輪抽獎，確保每位參與者都有機會獲獎。
㈦閉幕致詞及合影

● **與生成式 AI 討論，逐步調整計畫內容**

接著我們可以透過不斷地討論，來補充第六點的具體內容。譬如說下指令：「如何安排致詞順序？」又如「執行長是活動執行者，所以我致詞的內容應該說什麼內容呢？」透過這些問題，逐步補強內容。

開幕致詞、嘉賓致詞：順序為董事長致詞，接著由董事長介紹貴賓上台致詞，最後由執行長接手說明今年度的重點發展。

　　其中（四）聖誕節表演節目、（五）遊戲互動環節、（六）抽獎活動，是整個計畫的亮點，可是 AI 建議的活動，包括表演、小遊戲、抽獎，好像也沒啥創意，或者是說有些項目可以接受，但還需要更細節的內容，才可以順利執行。譬如說表演節目的部分，有 10 萬元的預算，這時候可以下指令請 AI 規劃更細節、更有創意的內容。

　　在員工自編自演節目方面，AI 提出了舞蹈表演、歌曲合唱、小品演出、樂器表演，這時候必須考量企業內部是否有人選適合上台表演；因為整個活動時間非常地漫長，可以安排一兩場表演，譬如說老闆與主管來一個「泰國變裝秀」，也可以找辦公室 KTV 歌王來一場模仿費玉清的歌唱，或者是來一場性感的二胡演奏。

　　只是這些節日本來就是犒賞員工，如果還要員工花很多時間排練，搞得人仰馬翻，反而是本末倒置；因此，部分節目可以採取外聘專業團隊；生成式 AI 在邀請專業表演團體項目中，也提供了魔術表演、雜技表演、舞蹈表演、歌手演唱，當然生成式 AI 不太清楚可以找誰，只能提點一些方向，在市場調查後，發現有兩項雜技表演的邀請費用較低，剛好符合自己的預算，可以用各 3 萬元的成本邀請兩個表演團隊。

● **協助預算分配規劃**

　　生成式 AI 亦能協助 10 萬元預算的分配，但與我後來決定的活動項目編列不太一樣，這時候可以請其重新編列預算，主要是要生成式 AI 提供一個格式，實際預算還是要去洽詢之後，再做最後的決定與修正：

規劃這幾個節目
1.員工自編自演節目：KTV歌王的員工唱歌、二胡小妹表演
2.兩個雜技團表演，費用各3萬元
可以幫我用表格編列相關預算嗎？

- 接著也給我一些初步的預算分配：

節目名稱	描述	費用(新台幣)
◎員工自編自演節目		
KTV歌王的員工唱歌	員工KTV比賽，提供音響設備、KTV機台租賃	10,000
二胡小妹表演	二胡表演，提供二胡及相關道具	10,000
◎專業表演團體		
雜技團表演 1	專業雜技團表演費用	30,000
雜技團表演 2	專業雜技團表演費用	30,000
◎其他雜項		
表演服裝和道具	員工表演服裝和道具購置	10,000
◎附加項目		
創意互動環節	互動遊戲、觀眾參與活動	10,000
●總預算		**100,000**

- 指令格式與範例

　　在經過一些對談之後，大致上可以掌握出 AI 所能提供的訊息，我們可以設計一個更進一步的指令，裡面包括了人設、背景、行為、結構、格式、風格、流程、驗證，這樣第一次產出內容就會更完備了，以下提供一個參考範本：

背景說明：本公司是 X 海公司，台北分公司有 300 人，我要負責規劃年終尾牙活動計畫，工作人員共有 10 人，我是計畫執行的負責人，另外有 9 位助理

行為：請幫我設計一個完整的活動計畫。內容包括表演互動項目，包括兩個內部員工表演、抽獎活動（向上下游廠商募集禮物）、以及聘請兩個外部專業雜技團體。

格式：活動背景與目的、日期與地點、對象、主題、流程、內容詳述、準備工作、預算（新台幣 10 萬元）

風格：活動計畫文字撰寫要嚴謹，但活動內容必須輕鬆活潑。

相信在實際執行指令多次之後，可以建立一個更完整、更適合所屬機關、企業的指令，當然後續還是要不斷地與生成式 AI 溝通與討論，才能完成更最終完整版的活動計畫書。

◎ 傳統

蒐集活動計畫大綱 ➡ 設計活動計畫內容 ➡ 完成活動計畫

| 時間成本：100 | 時間成本：100 | 時間成本：100 |

要找公司過去是否有撰寫過，或者是網路有沒有合適的範本。

◎ 生成式 AI

蒐集活動計畫大綱 ➡ 設計活動計畫內容 ➡ 完成活動計畫

| 時間成本：20 | 時間成本：60 | 時間成本：60 |

生成式AI具備各種範例。

可以透過生成式AI給予一些標準型範例或有創意型的點子。

大多數時間花在確認內容，譬如誰表演，這些無法由生成式AI產生。

一開始找出如何寫活動計畫，可以節省大量的時間，後面的細部規劃就未必能節省很多了，例如要找出企業外的表演團體，就要自行搜尋、聯繫接洽，這些就無法由生成式 AI 代為完成。

第 16 章　EXCEL 輔助

● 從 Excel 初學者到數據分析高手

現代職場中，Excel 是一項必備技能，無論是在數據分析、財務報表還是項目管理中，Excel 都能發揮重要作用。學會使用 Excel 的函數能夠顯著提高工作效率。然而，對於許多使用者來說，學習這些技能往往充滿挑戰。

Jessica 是一家大型企業的市場分析師。她的工作內容包括整理和分析大量的市場數據，並定期生成報告，以協助管理層制定決策。然而，Jessica 發現自己每天花費大量時間在手動處理數據上，這不僅耗時且容易出錯。她聽說生成式 AI 可以幫助她快速學習並掌握 Excel 的強大函數和自動化功能，因此決定投入時間學習這些技能。

Jessica 發現使用 VLOOKUP 可以在客戶數據庫中快速找到特定客戶的信息，這極大地減少了她查找數據的時間。通過生成式 AI 的幫助，Jessica 的數據處理和分析工作變得更加高效和準確。她不再需要手動處理大量數據，能夠專注於更高層次的分析工作。這不僅提高了她的工作效率，也使她在職場中脫穎而出，成為團隊中的數據分析專家。

● 過去學習的困境

過去，學習 Excel 功能與函數主要依靠以下幾種方式：

①參加培訓課程：許多企業會組織員工參加專業的 Excel 和 VBA 培訓課程。然而，這種方式需要投入大量的時間

和金錢,且培訓效果不一。

② 自學書籍和網絡資源:市面上有許多關於 Excel 函數和 VBA 的書籍,互聯網上也有大量的教學視頻和教程。使用者可以自行學習,但往往遇到以下困境:

- 資料繁雜:資料過於分散,難以系統學習。
- 缺乏實踐:理論與實踐脫節,學習效果有限。
- 難以解決問題:遇到具體問題時,缺乏即時指導,容易陷入困境,尤其是小小的卡關,怎麼樣也找不到資料,網路資料一大堆,就是沒有適用自己的情況。

● **生成式 AI 如何幫助使用者**

生成式 AI,如 ChatGPT,能夠根據使用者的需求,提供即時、準確的解答和指導,極大地提高學習效率。以下是生成式 AI 在學習 Excel 函數的具體應用:

① 即時解答問題:使用者在學習過程中遇到任何問題,都可以即時向 AI 請教,獲得具體的解答和範例。

② 提供學習資源:AI 能夠根據使用者的需求,推薦適合的學習資源,如教程、視頻和範例文件。

③ 模擬實踐環境:通過與 AI 互動,使用者可以進行模擬操作,實現理論與實踐的結合。

④ 個性化學習計劃:AI 能夠根據使用者的學習進度和需求,制定個性化的學習計劃,譬如說你請生成式 AI 幫你安排 8 個小時的學習課程。

譬如說我最近要跨欄加總，但一時之間找不到好的方法，老是麻煩別人也不是辦法，所以直接把想要的畫面截圖給生成式 AI，就可以有好的回答。譬如說下列例子，我想要跨欄加總，一直加到 P。

我的Prompt	生成式AI測試回應結果
我想要跨欄加總，B1+D1+F1...，一直加到J1欄位 可以給我一個簡單好用的函數嗎？	我可以教你使用 OFFSET 函數搭配 SUM 來完成隔列加總。這個方法很實用且容易理解。 這是公式： =SUM(OFFSET(B1,0,SEQUENCE(5)*2-2,1,1)) 讓我解釋為什麼要用 SEQUENCE(5)*2-2： ①SEQUENCE(5) 會產生 1,2,3,4,5 ②乘以 2 後變成 2,4,6,8,10 ③減 2 後變成 0,2,4,6,8 這樣就會取得： •B1(offset 0 欄) •D1(offset 2 欄) •F1(offset 4 欄) •H1(offset 6 欄) •J1(offset 8 欄)

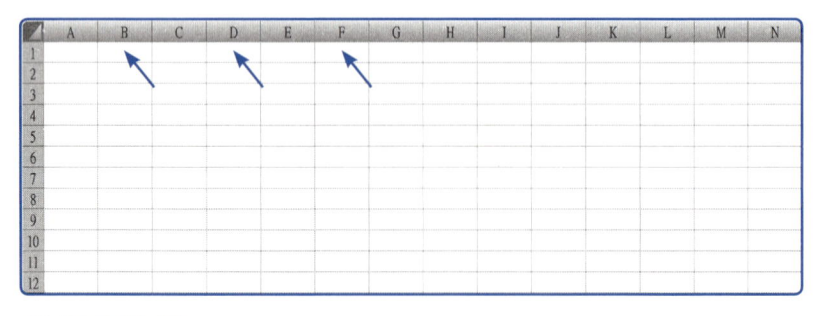

● **特定功能**

生成式 AI 可以幫助我們許多，譬如說：

請依據操作步驟，說明 EXCEL 的【某項功能】。

● 函數

或者是讓人頭痛的函數，很常用的 VLOOKUP 函數，但一般書籍寫得很抽象、模糊，也可以請生成式 AI 教一下，由於可以互動式溝通，總書本、教學影帶來說，更有機會學會這些讓人頭痛的函數。

我的Prompt	生成式AI測試回應結果
"請教我如何使用Excel的VLOOKUP函數，並舉一個簡單的範例。"	"VLOOKUP函數用於在表格的第一列中查找值，並返回查找值所在行的指定列中的值。 基本語法為： VLOOKUP（lookup_value, table_array, col_index_num, [range_lookup]） 範例： 假設在A列有一組員工編號，在B列有對應的員工姓名，現在希望根據員工編號查找員工姓名。可以使用以下公式： =VLOOKUP("E001", A:B, 2, FALSE） 這表示在A列查找編號為E001的員工，並返回B列對應的姓名。"

當你取得了生成式 AI 提供的函數 "=VLOOKUP（"E001", A:B, 2, FALSE）"，有一些編號內容要修改一下，接著就要實際測試看看，請先看下圖：

	A	B	C	D	E	F	G	H	I	J
1										
2	編號	員工姓名		查詢編號						
3	25001	王小毛								
4	25002	陳小花		查詢結果						
5	25003	黃大毛		=VLOOKUP(D3, A:B, 2, FALSE)						
6	25004	吳大花								
7	25005	陳小扁								
8	25006	馬小九								
9	25007	吳大扁								
10	25008	周大九								
11	25009	趙子龍								
12	25010	吳三桂								

D5 儲存格公式：=VLOOKUP(D3, A:B, 2, FALSE)

①資料區 A 欄是編號、B 欄是員工姓名。
②在 D3 輸入查詢編號，D5 顯示結果，因此公式要放在 D5。
③生成式 AI 提供函數"=VLOOKUP（"E001"，A:B，2，FALSE）"，其中"E001"是指要找出 E001 編號的員工，然而本書所設計的則是輸入查詢編號，因此這個部分要改成 D3。
④"=VLOOKUP（D3,A:B,2,FALSE）"這一段函數是指，D3 輸入一個編號，會在 A 欄找編號位置，2 代表往右第 2 欄，找到編號後，會再 D5 顯示右邊 B 欄顯示的員工姓名。

	A	B	C	D	E
1					
2	編號	員工姓名		查詢編號	
3	25001	王小毛		25006	
4	25002	陳小花		查詢結果	
5	25003	黃大毛		馬小九	
6	25004	吳大花			
7	25005	陳小扁			
8	25006	馬小九			
9	25007	吳大扁			
10	25008	周大九			
11	25009	趙子龍			
12	25010	吳三桂			

生成式 AI 就好比是一位家教老師，有任何 EXCEL 的問題，過去要花費龐大的補習費，或者是上網找資料，又或者是到各種社交平台看有沒有大老願意回答，現在只要有生成式 AI，這些問題都可以快速解決。

Note

第 17 章　VBA

● 透過生成式 AI 掌握 VBA 自動化

Michael 是一家國際貿易公司的財務分析師。他的主要工作之一是每月生成一份詳細的財務報告，這份報告需要匯總多個部門的數據，進行各種計算和分析，並將結果展示在一個清晰易讀的報告中。這個過程通常需要花費他好幾天的時間，因為涉及到大量的手動操作和複雜的計算。Michael 意識到，這樣的工作非常適合自動化處理，因此他決定學習 VBA（Visual Basic for Applications），以提升工作效率。

發現需求： Michael 首先分析了整個報告生成過程，確定了哪些步驟可以自動化。例如，數據的匯入和清洗、數據的計算和分析、報告的格式化和生成等。他決定利用生成式 AI 來幫助學習和編寫 VBA 代碼，以實現這些自動化操作。

利用生成式 AI 學習 VBA 基礎： Michael 使用生成式 AI，例如 ChatGPT，來快速學習 VBA 的基礎知識。他向 AI 提問有關 VBA 的各種問題，從基本的語法到具體的應用。AI 提供了詳細的解答和示例，讓 Michael 能夠迅速掌握 VBA 的基本用法。

編寫自動化腳本： Michael 開始編寫他的第一個 VBA 腳本。這個腳本的內容如下：

DATA 裡面有兩個檔案，分別是 001.xlsx 以及 002.xlsx

Michael 想要把 001.xlsx 裡面的工作表 001，A1 到 B3 的資料 COPY 到 002..xlsx 的 001 工作表中

● 生成式 AI 幫忙撰寫 VBA，並以繁體中文解說程式碼。

這樣子就不比打開、複製、貼上等一系列的動作，只需要設計一個執行 VBA 的按鈕，一按即可完成。以下是 Michael 在 AI 輔助下編寫的 VBA 程式碼：

```
Sub CopyDataBetweenWorkbooks ( )
    ' 宣告變數
    Dim srcWorkbook As Workbook
    Dim destWorkbook As Workbook
    Dim srcSheet As Worksheet
    Dim destSheet As Worksheet
    Dim srcRange As Range
    Dim destRange As Range
    ' 打開來源工作簿和目標工作簿
    Set srcWorkbook = Workbooks.Open ( "G:\113_AI\Data\001.xlsx" )
    Set destWorkbook = Workbooks.Open ( "G:\113_AI\\Data\002.xlsx" )
    ' 設定來源和目標工作表
    Set srcSheet = srcWorkbook.Sheets ( "001" )
    Set destSheet = destWorkbook.Sheets ( "001" )
    ' 設定來源範圍和目標範圍
    Set srcRange = srcSheet.Range ( "A1:B3" )
    Set destRange = destSheet.Range ( "A1" )
    ' 複製來源範圍到目標範圍
    srcRange.Copy Destination:=destRange
    ' 關閉工作簿，保存目標工作簿的變更
    srcWorkbook.Close SaveChanges:=False
    destWorkbook.Close SaveChanges:=True
End Sub
```

這段程式碼自動打開指定文件夾中的所有 Excel 文件，並將其數據複製到主工作表中。Michael 在生成式 AI 的幫助下，不僅寫出了功能完整的代碼，還了解了每一步的具體作用。

通過生成式 AI 的幫助，Michael 的數據處理和分析工作變得更加高效和準確。AI 不僅幫助他快速學習並掌握了 VBA 編程，還提供了即時的代碼建議和錯誤修正，使他能夠迅速完成自動化腳本的開發。現在，Michael 只需要點擊幾下按鈕，就能在幾分鐘內完成以前需要幾天時間才能完成的工作。這不僅顯著提高了他的工作效率，也讓他有更多時間專注於更高層次的分析工作。這一改進得到了管理層的高度認可，並且還幫助同事們提升了工作效率。

● **VBA 提升工作效率的實用範例**

VBA（Visual Basic for Applications） 是嵌入於 Microsoft Office 應用程式中的程式語言，尤其在 Excel 中能顯著提升工作效率。以下列出常見的 VBA 應用項目以及它們帶來的效率提升方式：

① 自動化重複性任務：
- 範例：每天從系統中導出數據並進行格式化。
- 提升效率：自動化這些重複性操作，節省大量時間和精力。

② 批量處理數據：
- 範例：批量更新、篩選或清理數據、將多個工作表或工作簿中的數據匯總到一個單一表格中。
- 提升效率：一次性處理大量數據，減少手動操作錯誤，提高工作速度。

③自動化數據分析、驗證與生成報表：
- 範例：計算各種統計指標、自動檢查和修復數據中的錯誤或不一致性，以及生成圖表、年度報表。
- 提升效率：自動化快速分析和可視化數據，確保數據準確性，並縮短生成報表的時間，幫助用戶更快地做出決策。

④用戶界面優化：
- 範例：創建自定義表單或對話框，供用戶輸入或選擇數據。
- 提升效率：改善用戶交互體驗，使數據輸入更加直觀和方便。

⑤與其他應用程序集成：
- 範例：自動從 Outlook 獲取電子郵件數據或將 Excel 數據導出到 Word。
- 提升效率：實現不同 Office 應用程序間的數據共享和自動化，提升工作流的連貫性和效率。

⑥條件格式與警報：
- 範例：根據特定條件自動設置格式或生成提示。
- 提升效率：幫助用戶快速識別重要資料和潛在問題。

通過這些應用項目，VBA 可以幫助用戶大幅提升工作效率，減少重複性操作，確保數據準確性，並優化工作流程。

● 指令格式與範例

接著分享一個我個人常用的 EXCEL 功能，就是凍結視窗，因為資料量左右很寬、上下很長，有時候拉了後面的欄或列，就忘記這一個資料是哪一檔股票。如下圖，不管網又移動多少欄，或往下移動多少列，下列框框中的文字固定不動。

A	B	C	K	AL	AM
	代號	產業別	名稱	賣力	最新營業利益率	12日成交量
32	1304	塑膠工業	台聚	-0.65	-3.65	6669
33	1305	塑膠工業	華夏	0.4	-3.44	3239
34	1307	塑膠工業	三芳	-0.1	12.9	627
35	1308	塑膠工業	亞聚	-1	-3.45	3336
36	1309	塑膠工業	台達化	-1	-4.99	4161
37	1310	塑膠工業	台苯	-3	-3.51	1872
38	1312	塑膠工業	國喬	0.98	-6.92	7993
39	1312A	塑膠工業	國喬特	0		12
40	1313	塑膠工業	聯成	4.3	-6.32	2711
41	1314	塑膠工業	中石化	0.5	-3.09	30522
42	1315	塑膠工業	達新	0.19	-9.36	20

我的Prompt	生成式AI測試回應結果
"請幫我設計一個VBA我要在特定儲存格執行凍結視窗的動作程序如下： 1.詢問我要在哪一個儲存格執行凍結視窗的動作 2.當我輸入完畢後，請先取消凍結視窗 3.接著在那一個特定儲存格執行凍結視窗"	Sub 凍結視窗特定位置() 　'提示用戶輸入要凍結視窗的儲存格位置 　Dim cellAddress As String 　cellAddress = InputBox（"請輸入要凍結視窗的儲存格位置，例如：B2", "選擇儲存格"） '如果用戶未輸入儲存格位置，則退出子程序 　If cellAddress = "" Then Exit Sub '嘗試選擇用戶輸入的儲存格，檢查是否有效 　On Error GoTo InvalidCell 　Range（cellAddress）.Select 　On Error GoTo 0 '取消已有的凍結視窗 　ActiveWindow.FreezePanes = False '選擇用戶輸入的儲存格並執行凍結視窗動作 　ActiveWindow.FreezePanes = True 　Exit Sub InvalidCell: 　MsgBox "您輸入的儲存格位置無效，請重新運行宏並輸入有效的位置。", vbCritical, "無效的儲存格位置" End Sub

除了提供 VBA 程式碼之外,也有進行程式碼的說明,以及該如何使用的步驟。

- **說明:**
  ①提示用戶輸入凍結視窗的儲存格位置:使用 InputBox 函數讓用戶輸入要凍結視窗的儲存格位置。
  ②檢查用戶輸入是否有效: 如果用戶沒有輸入任何內容,則退出子程序。如果輸入的儲存格位置無效,顯示錯誤資料並退出子程序。
  ③取消已有的凍結視窗:使用 ActiveWindow.FreezePanes = False 取消當前已有的凍結視窗。
  ④執行新的凍結視窗操作: 根據用戶輸入的位置選擇儲存格並執行凍結視窗操作。

- **使用步驟:**
  ①按 Alt + F11 打開 VBA 編輯器。
  ②將上述代碼複製並粘貼到一個新的模塊中。
  ③按 F5 鍵運行宏,或者設置快捷鍵運行此宏。
  ④在彈出的對話框中輸入要凍結視窗的儲存格位置,例如 "D2"。

當我執行這個巨集時,就可以完成下列凍結視窗的動作:

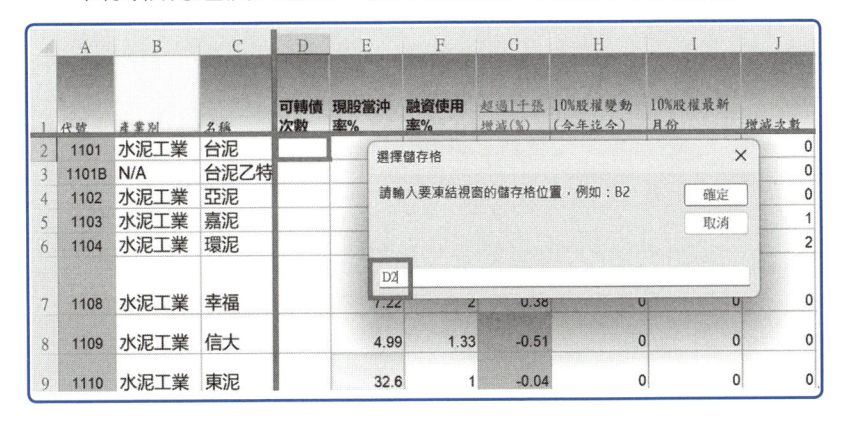

	A	B	C	D	E	F	G	H	I	J
1	代號	產業別	名稱	可轉債次數	現股當沖率%	融資使用率%	超過1千張增減(%)	10%股權變動(今年迄今)	10%股權最新月份	增減次數
2	1101	水泥工業	台泥							0
3	1101B	N/A	台泥乙特							0
4	1102	水泥工業	亞泥							0
5	1103	水泥工業	嘉泥							1
6	1104	水泥工業	環泥							2
7	1108	水泥工業	幸福		7.22	2	0.38	0	0	0
8	1109	水泥工業	信大		4.99	1.33	-0.51	0	0	0
9	1110	水泥工業	東泥		32.6	1	-0.04	0	0	0

選擇儲存格
請輸入要凍結視窗的儲存格位置,例如:B2
確定　取消
D2

第 18 章　程式撰寫

在現代科技飛速發展的時代，編程技能已經成為各行各業的重要技能之一。無論是數據分析、人工智慧還是網頁開發，編程都在其中扮演著至關重要的角色。學習編程不僅能提升個人的競爭力，還能開闢更多的職業機會。然而，對於許多初學者來說，學習編程往往充滿挑戰和困難。

・過去學習程式

過去，學習程式主要依靠以下幾種方式：

① 參加培訓課程：通過參加編程培訓班，學習基礎理論和實踐技能。然而，這種方式成本較高，且需要大量的時間和精力，像是實體課的車程就耗時費工了。

② 自學書籍和網絡資源：許多人選擇購買編程書籍或在網上查找教學視頻和教程自學。但這種方式存在以下困境：

- 資料繁雜：網絡資源豐富但質量參差不齊，容易讓人迷失在大量的資料中。

- 缺乏系統性：自學過程中難以形成系統的知識結構，學習效果有限。

- 無法即時解決問題：遇到問題時，缺乏專業指導，學習進度容易受阻，所以很多書籍買來只看了前面幾章節，想要有人詢問還要花補習班的錢，才有機會排隊問到答案。

● 生成式 AI 如何幫助使用者學習程式

生成式 AI，如 ChatGPT，可以為學習程式提供強有力的支持，因為「文本分析」本來就是他的強項，程式語言更是他的專精之所在。以 Python 和 Colab 為例，以下是具體的應用方式：

① 即時解答問題：使用者在學習過程中遇到任何撰寫程式的問題，都可以即時向 AI 請教，獲得詳細的解答和範例，現在還有許多專門寫程式的大語言模型，例如 Windsurf，相較於傳統 ChatGPT 等大語言模型，幾乎可以直接幫你架站，完成更複雜的寫程式工作。

大語言模型	功能	缺點	特殊之處
ChatGPT等	提供程式碼、協助程式除錯	無法執行執行程式，譬如說Python必須移轉到Colab平台執行	
Claude	提供程式碼、協助程式除錯	同上	有ArtiFacts將資料視覺化，也有提供代碼可以轉換
Windsurf等	程式設計專業人士的輔助工具	介面較為複雜，一般人門檻較高	

② 代碼示範和解釋：AI 可以提供代碼示範，並詳細解釋每段代碼的作用和原理，幫助使用者更好地理解。

③ 錯誤排查與修正：AI 可以幫助使用者排查代碼中的錯誤，並給出修正建議，提高調試效率。

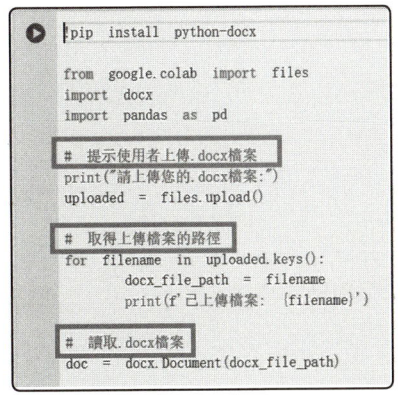

```
!pip install python-docx

from google.colab import files
import docx
import pandas as pd

# 提示使用者上傳.docx檔案
print("請上傳您的.docx檔案:")
uploaded = files.upload()

# 取得上傳檔案的路徑
for filename in uploaded.keys():
    docx_file_path = filename
    print(f'已上傳檔案: {filename}')

# 讀取.docx檔案
doc = docx.Document(docx_file_path)
```

> ④模擬實踐環境:通過與 AI 互動,使用者可以進行模擬操作,實現理論與實踐的結合,特別是在 Google Colab 這樣的平台上,實現即時運行和測試代碼。

有了生成式 AI,從不會撰寫程式,立即升格為初級程式設計師,如果本來就是以寫程式為業,馬上多了一個小助理可以完成許多工作;有一次,想要了解歷年英文考題單字出現頻率,請其寫一個程式幫我分析出現次數,很快地就寫好了,我也把英文考題丟上去,確實也將每一個單字出現的次數統計成 CSV 格式的檔案,對於後續分析非常方便。

我具體說出程式種類 Python,執行的流程如下,以及該程式適用在 Colab 平台執行:

> ①上傳 txt 檔案
>
> ②分析單字出現次數
>
> ③另存成 csv 檔案

生程式 AI 就可以幫我撰寫程式碼,我再將該程式碼 Copy 貼到 Colab 平台上去執行,有錯誤再詢問生程式 AI,就可以順利執行了。

・學習程式語言

如果你只是想要學會程式語言中某一項指令的功能,可以直接下個簡單的指令,例如右頁範例與說明:

我的Prompt	生成式AI測試回應結果

請告訴我如何使用Python的while語句，給我一個範例，並以繁體中文說明。	當然，以下是如何使用 Python 的 while 語句，以及一個範例和說明：
	while 語句的基本結構
	while 條件:
	　# 條件為真的時候，執行的程式碼
	　# 可以在這裡放入需要重複執行的程式碼
	　# 通常需要在循環內更新條件，否則可能會導致無限循環
	範例：計算從1到10的總和
	以下是一個簡單的範例，用 while 語句來計算從 1 到 10 的總和：
	# 初始變數
	i = 1
	total = 0
	
	# 當 i 小於等於 10 時，重複執行循環內的程式碼
	while i <= 10:
	　total += i # 將 i 加到 total 上
	　i += 1　　# 將 i 增加 1
	
	# 輸出結果
	print("1 到 10 的總和是:", total）

・說明：

① i = 1 和 total = 0：初始化變數 i 和 total。

② while i < = 10：：當 i 小於等於 10 時，進入循環。

③ total + = i：將 i 的值加到 total 上，每次循環累加 i 的值。

④ i + = 1：將 i 增加 1，這樣條件 i < = 10 最終會變為假，結束循環。

⑤ print ("1 到 10 的總和是:", total）：當循環結束後，輸出結果。

這個範例展示了如何使用 while 語句來進行重複操作，直到某個條件不再為真。注意在循環內更新條件變數（在這裡是 i），以避免無限循環。

● 完成特定任務

如果要進一步地具體完成特定任務，則可以參考下列指令。

・指令格式

你現在是一個《程式語言》專家，請幫我用《程式語言》寫一個程式語言，該程式語言可以在《程式語言》平台上使用，它需要做到《某個功能》。（如右頁範例）

當你取得了一段 Python 程式，可以在 Colab 平台執行上列程式。

● 什麼是 Colab？

如同 Google Docs 一樣，不需要安裝微軟 Word 等 Office 軟體，一樣可以在網路上，藉由 Google Docs 執行文書作業；想要寫 Python 程式，也可以不下載任何的 Python 程式，只要到 Colab 平台，一樣就可以透過瀏覽器，直接透過瀏覽器撰寫 Python 程式。

直接貼上這一段程式，按下左上方類似 Play 的向右三角形鍵，就可以執行這一段程式；執行完畢後，畫面如右：

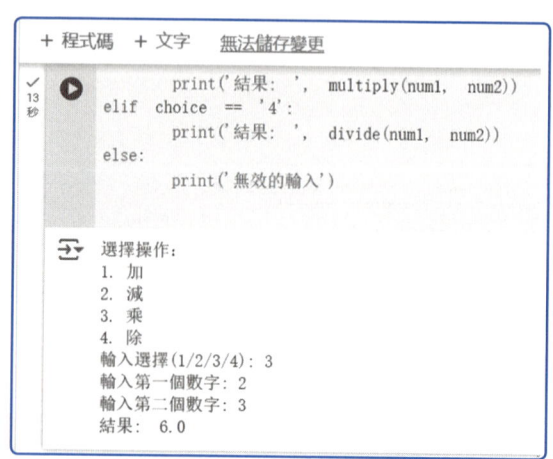

我的Prompt	生成式AI測試回應結果

"請教我如何用Python寫一個簡單的計算器程序,能進行加減乘除運算,在Colab執行。"	"你可以使用以下Python代碼來實現一個簡單的計算器程序:
	
	``python
	def add(x, y):
	    return x + y
	def subtract(x, y):
	    return x - y
	def multiply(x, y):
	    return x * y
	def divide(x, y):
	    if y != 0:
	        return x / y
	    else:
	        return '除數不能為0'
	
	print('選擇操作:')
	print('1. 加')
	print('2. 減')
	print('3. 乘')
	print('4. 除')
	
	choice = input('輸入選擇(1/2/3/4):')
	
	num1 = float(input('輸入第一個數字:'))
	num2 = float(input('輸入第二個數字:'))
	if choice == '1':
	    print('結果:', add(num1, num2))
	elif choice == '2':
	    print('結果:', subtract(num1, num2))
	elif choice == '3':
	    print('結果:', multiply(num1, num2))
	elif choice == '4':
	    print('結果:', divide(num1, num2))
	else:
	    print('無效的輸入')
	``

● **如果這一段程式碼無法執行，那該怎麼辦呢？**

　　如果提款機一樣，系統印出一張紙，上面會說明為何無法順利執行的理由；看不懂沒關係，Colab 系統會回復一段異常說明文字，把這一段文字貼給生成式 AI，詢問該如何處理，請其修改程式碼，把修改後的程式碼再次執行，直到問題解決為止。

● **直接生成一個計算機網頁介面**

　　如果覺得上述簡單的計算器程序，能進行加減乘除運算的功能過於簡陋，我也可以直接下指令，請 Claude 幫我設計一個有計算機外觀的面板嗎？html 格式。

　　Claude 很快地幫我生成一個計算機外觀的面板，但真的只是面板，按鈕無法使用。於是我又補充一下指令：可是我點選按鍵的時候，不會執行啊！

　　他就幫我生成了一個 html 格式的簡易計算機，下載後上傳至網頁空間，就可以使用了。

計算機連結：
https://mjib007.github.io/homepage/calculator.html

● 改進或修正錯誤的程式碼

　　生成式 AI 可以幫助自動化錯誤檢測和修正。當開發者遇到錯誤時，可以將錯誤訊息和相關程式碼段輸入給生成式 AI。AI 模型會分析錯誤訊息並提供具體的修正建議。例如，如果 Python 程式碼中出現了語法錯誤，開發者可以將錯誤訊息和程式碼輸入給 AI，AI 會返回修正後的程式碼，甚至還會解釋修正的原因，這樣開發者可以快速了解並學習。

　　生成式 AI 還可以用於優化和重構程式碼。當程式碼存在冗餘或不易讀的部分時，開發者可以請求 AI 幫助優化程式碼。AI 可以根據最佳編碼實踐和模式，重構程式碼，使其更加簡潔和高效。例如，開發者可以請求 AI 將一段具有多層次條件語句的程式碼重構為更清晰的邏輯結構，或是將重複的程式碼片段提取到函數中。這樣不僅提高了程式碼的可讀性，還有助於維護和擴展。

我的Prompt	生成式AI測試回應結果
"請幫我改進這段Python程式碼，使其更簡潔和高效。 def calculate_total(prices)： 　total = 0 　for price in prices: 　　total += price 　return total"	def calculate_total(prices)： 　return sum(prices)

　　AI 提供了更簡潔且高效的解決方案，直接使用內建的 sum 函數來計算總和。

最後，利用生成式 AI 來改進和修正程式碼，不僅可以提高開發效率，還能幫助開發者學習最佳實踐。通過不斷與 AI 交互，開發者可以獲得即時的反饋和建議，從而提升自身的編碼技能和問題解決能力。總之，生成式 AI 是現代軟件開發中的一個強大工具，能夠顯著改進程式碼質量和開發流程。

特殊應用篇

第 19 章　文件與圖片上傳

在現代企業中，文件與圖片管理和處理是日常工作中不可或缺的一部分。無論是契約、報告、發票還是其他業務文件，對這些文件進行有效的分析和辨識是提升工作效率的關鍵。

然而，隨著數據量的增加和文件種類的多樣化，傳統的手動處理方式已經無法滿足高效工作的需求。

● 過去文件分析辨識的方式與困境

過去，文件分析和辨識主要依賴以下幾種方式：

① 手動審閱和整理：需要員工逐頁檢查和整理文件，工作量大且容易出錯。

② OCR（光學字符識別）技術：能夠將掃描的紙質文件轉換為可編輯的文本，但對於格式複雜的文件，識別效果不佳。

柯○○起訴書，我取得的非文字 PDF 檔案共 191 頁，先使用軟體拆成單獨分頁，每 5 頁上傳交由 Claude 進行 OCR，最後得出 118 頁的 Word 檔案。

之所以會選用 Claude，原因在當時是 OCR 速度快又較為精準的工具。

● 生成式 AI 如何幫助文件分析和辨識

生成式 AI，如 ChatGPT、Claude，可以為文件分析和辨識提供智能化的解決方案，以下是具體的應用方式：

① 語義分析和理解：生成式 AI 能夠對文件內容進行語義分析，理解文件的上下文和主旨，並生成摘要或報告；上下文理解對於翻譯來說更形重要，過去翻譯總是一段文字、一段文字的翻譯，有時候看不太懂在翻什麼，但是生成式 AI 可以透過上下文理解，推測出這一段文字應有的內容，針對關鍵段落有正確的解析，。

② 自動提取關鍵資料：生成式 AI 能夠自動識別和提取文件中的關鍵資料，如日期、金額、客戶名稱等，無需手動輸入；我目前只要截一張網路的 ×× 股票各月營收圖，Claude 正確解析並抓取 ×× 股票的各月收盤股價、每月營收、YoY 成長率資料，只需要花一點時間驗證有無錯誤即可，省去很多的時間。

③ 整合大量文件，找出關聯性：生成式 AI 能夠實時處理和分析大量文件，並找出文件之中的關聯性，大大提高工作效率；例如我在 ×× 股票的損益表中發現業外營收猛然飆高，過去要找到原因很麻煩，可能要翻翻季報、年報，看看有沒有公告，網路上有沒有相關新聞。現在不需要那麼麻煩，只要把相關檔案、新聞都傳上去，就可以進行彙整分析，後續「投資理財篇」的章節會有使用經驗的分享。

● 指令格式與範例

Prompt	生成式AI測試回應結果
"請將圖片中的契約內容一字不漏地呈現出來"	契約編號：HT2024-001 甲方：ABC公司 地址：台北市中山區中山北路100號 聯絡電話：(02)1234-5678 乙方：XYZ公司 地址：新北市板橋區文化路200號 聯絡電話：(02)8765-4321 1.契約標的： 甲方同意將其所擁有的產品(以下簡稱"產品")出售給乙方。具體產品詳情如下： - 產品名稱：ABC高效能伺服器 - 型號：XYZ-1234 - 數量：10台，每台新台幣50,000元整 - 總價：新台幣500,000元整 2.付款方式：乙方應於本契約簽訂後7日內支付契約總價的50%作為訂金，其餘款項應於產品交付並驗收合格後7日內給付完畢。 3.交貨條件：甲方應於本契約簽訂後30日內將產品運送至乙方指定地點。運輸費用由甲方承擔。 4.驗收條款：乙方應於收到產品後7日內進行驗收。如發現產品有任何瑕疵，應立即書面通知甲方，甲方應在接到通知後7日內予以解決。 5.保修條款：甲方提供產品自交付日起1年的免費保修服務。在保修期內，如因產品本身質量問題導致的故障，甲方負責免費維修或更換。 6.違約責任：如任一方未能履行本契約約定事項，應向對方支付契約總價的10%作為違約金。 7.契約生效：本契約自雙方法定代表人或授權代表簽字之日起生效。

原始檔案如右：

> 契約編號：HT2024-001
>
> | 甲方：ABC 公司 | 乙方：XYZ 公司 |
> |---|---|
> | 地址：台北市中山區中山北路 100 號 | 地址：新北市板橋區文化路 200 號 |
> | 聯絡電話：(02) 1234-5678 | 聯絡電話：(02) 8765-4321 |
>
> 1. **契約標的**：甲方同意將其所擁有的產品（以下簡稱"產品"）出售給乙方。具體產品詳情如下：
>   - 產品名稱：ABC 高效能伺服器
>   - 型號：XYZ-1234
>   - 數量：10 台，每台新台幣 50,000 元整
>   - 總價：新台幣 500,000 元整
> 2. **付款方式**：乙方應於本契約簽訂後 7 日內支付契約總價的 50%作為訂金，其餘款項應於產品交付並驗收合格後 7 日內給付完畢。
> 3. **交貨條件**：甲方應於契約簽訂後 30 日內將產品運送至乙方指定地點。運輸費用由甲方承擔。
> 4. **驗收條款**：乙方應於收到產品後 7 日內進行驗收。如發現產品有任何瑕疵，應立即書面通知甲方，甲方應在接到通知後 7 日內予以解決。
> 5. **保修條款**：甲方提供產品自交付日起 1 年的免費保修服務。在保修期內，如因產品本身質量問題導致的故障，甲方應負責免費維修或更換。
> 6. **違約責任**：如任一方未能履行本契約約定事項，應向對方給付契約總價 10%作為違約金。
> 7. **契約生效**：本契約自雙方法定代表人或授權代表簽字之日起生效。

將其呈現的內容，再度要求與原始文字相比較：

我的Prompt	生成式AI測試回應結果
"你剛剛一字不漏抓出來的內容，請與下面的原始內容比較一下差異"	……格式上的差異（略）…… • 其他小差異： • 圖片中的契約內容中"如因產品本身質量問題導致的故障，甲方負責免費維修或更換"中的"應負責"寫作"負責"。 • 圖片中的契約內容在"應向對方支付契約總價的10%作為違約金"中的"給付"寫作"支付"。

在辨識圖片上表現算是不俗，但即使是傳統 OCR 也都有錯誤的可能性，因此「驗證」的工作很重要，除了人工驗證之外，還可以再次請生成式 AI 自我檢視，除了上述指令外，也可以要求其將差異處以 **（粗體字）呈現。

第 20 章　蘇格拉底問答法

● 電車難題

大腦面對一樣的問題,卻有不同的解決方式,這成為千古哲學界難解的問題,也就是所謂的「電車難題」,原因是什麼呢?

・讓我們先看看這個問題的內容……

情境一:司機開著失控的火車,即將撞到前方鐵軌上的五位工人,你是火車上的司機,只要轉動駕駛轉盤,將火車開往另一條軌道,雖然軌道上還是有一位工人,但只會撞死這一位工人,卻可以拯救原本行經路線上的五位工人,你會選擇轉向嗎?

情境二:同樣一輛司機開著失控的貨車,但這次你不是司機,而是在鐵軌旁邊高台欣賞火車通過的路人,看到失控的火車,當然你無法操控火車上的駕駛轉盤選擇行進的方向;但這時候你的身旁站著一位類似綠巨人浩克的巨大胖子,只要把胖子推到鐵軌上,阻擋火車前進的方向,就可以救活鐵軌上的五位工人,你是否願意推下去?

在課堂上問了很多次，對於情境一的問題，學生的反應通常是願意，原因不外乎「犧牲小我、完成大我」；可是來到了情境二時，原本「犧牲小我、完成大我」的原則卻受到了挑戰，大多數的朋友都不願意，不願意的理由很多，有人表示推人下去是殺人的行為，情境一的情況是被動，這個場景卻變成主動。

哈佛大學 Michael Sandel 教授在哲學課程中，也針對這一個問題與學生進行有趣的討論[8]，尤其是針對學生在情境二不願意推人下去的回應，開玩笑地說如果不是推人下去，而是在面前有個類似於火車上的駕駛轉盤，只要轉一下，巨大胖子的底下有個閘門就可以打開了，不須要推拒大胖子下去，是否還願意如此做呢？在 Michael Sandel 教授滿滿學生的課堂中，大家尷尬地大聲笑著，是的，如果這種情況好像與在火車上的司機一樣，當司機的時候願意，為何到了高台上的民眾卻不願意呢？

・蘇格拉底問答法

蘇格拉底式問答法，在人類互動中可能並不總是有效或有用，特別是當兩個參與者之一具有權威性、情緒化或辱罵性時。然而，當專家夥伴是語言模型、沒有情感或權威的機器時，可以有效地採用蘇格拉底方法，而不會出現人類互動中可能出現的問題。這樣，蘇格拉底方法就可以透過提示語充分發揮其指導的潛力。

蘇格拉底問答法有許多技巧，諸如辯證、反事實推理等，可以利用指令將蘇格拉底問答法套用其中，利用大模型擅長的對談，讓學生可以透過蘇格拉底問答法各種問答技巧的刺激，更能深層地了解討論議題的核心[9]。

---

[8] 《正義：一場思辨之旅》之電車問題，https://youtu.be/F55hENwye5Q?si=145xbVQRRfnJ9gPq。

[9] Prompting Large Language Models With the Socratic Method, https://arxiv.org/pdf/2303.08769.

● 蘇格拉底式問答法的技巧分類：

編號	內容	示範
技巧1	理清思維、探究思考根源	例如，"你為什麼這麼說？"、"你能進一步解釋一下嗎？"、"整理一下你的論述"。
技巧2	挑戰學生的假設	例如，"情況總是如此嗎？"、"你為什麼認為這個假設在這裡成立？"
技巧3	提供證據作為論證基礎	例如，"有理由懷疑這個證據嗎？"
技巧4	發現不同觀點、反事實推理	例如，"如果不這樣做，會發生什麼？"、"有人可以以另一種方式看待這個問題嗎？"
技巧5	探索影響和後果	例如，"如果這樣做，會有什麼結果？"、"這如何影響其他人或情境？"
技巧6	質疑問題的意義	例如，"你認為我為什麼問這個問題？"、"這個問題為什麼重要？"

● 讓大語言模型變成 Michael Sandel 教授

　　如果你看過哈佛大學 Michael Sandel 教授在哲學課程中，也針對「電車難題」這一個問題與學生進行有趣的討論，一定很羨慕在課堂上的學生可以親身經歷這樣子的洗禮。隨著大語言模型的橫空出世，我們在家裡也可以用大語言模型模擬出類似的對談結果：（以下以 ChatGPT 為示範）

> 流程：
> 1. 初始化：
>   A. 主題設定：電車難題
>   B. 任務目標：引導學生探討電車難題的選擇並找出選擇矛盾的原因
>   C. ChatGPT 角色：學生
>   D. 使用者角色：教授
>   E. 難度設定：簡單

2. ChatGPT 說明主題內容：
   A. ChatGPT 簡單說明電車難題的背景
   B. 等待使用者確認，然後進行下一步
3. 使用者引導學生選擇：
   A. 使用者以教授的身份，提出與電車難題相關的第一個問題
   B. 使用者問題應鼓勵 ChatGPT 作出選擇並解釋其原因
4. ChatGPT 假扮學生回答：
   A. ChatGPT 提供選擇並解釋選擇的理由
   B. ChatGPT 提供提示以幫助使用者進行下一步的提問，提示內容依據蘇格拉底式問答法的技巧分類：
   (a) **技巧1**：理清思維、探究思考根源 – 可能的提示問題：例如，"你為什麼這麼說？"、"你能進一步解釋一下嗎？"、"整理一下你的論述"
   (b) **技巧2**：挑戰學生的假設 – 可能的提示問題：例如，"情況總是如此嗎？"、"你為什麼認為這個假設在這裡成立？"
   (c) **技巧3**：提供證據作為論證基礎 – 可能的提示問題：例如，"有理由懷疑這個證據嗎？"
   (d) **技巧4**：發現不同觀點、反事實推理 – 可能的提示問題：例如，"如果不這樣做，會發生什麼？"、"有人可以以另一種方式看待這個問題嗎？"
   (e) **技巧5**：探索影響和後果 – 可能的提示問題：例如，"如果這樣做，會有什麼結果？"、"這如何影響其他人或情境？"
   (f) **技巧6**：質疑問題的意義 – 可能的提示問題：例如，"你認為我為什麼問這個問題？"、"這個問題為什麼重要？"

5. 使用者根據 ChatGPT 的回答進一步提問：
   A. 使用者根據 ChatGPT 提供的提示，選擇合適的問題進行提問
   B. 使用者依據 ChatGPT 的回應進一步挑戰學生的假設或探討不同觀點
6. 討論結束條件：
   A. 當問題數達到 <u>5</u> 個時，ChatGPT 提醒使用者討論應該結束
   B. 使用者可以在任何時候選擇結束討論
7. 討論內容總結：
   A. 討論結束後，ChatGPT 以表格方式整理本次討論的問題和回答
   B. ChatGPT 說明自己作出選擇的思考過程，並展示邏輯
8. 規則：
   A. 回答內容以繁體中文提供
   B. 每次討論問題數不超過 <u>5</u> 個
   C. 回答保持簡短，不過度展開
   D. 在每次 ChatGPT 回答後，提供使用者可詢問的蘇格拉底式問題提示（括弧標註建議問題和分類）

上面有底線的內容可以更換

你可以試試看這一個長指令執行的效果。

指令連結：https://docs.google.com/spreadsheets/d/1r7LyLwG6AxfZ9xUptC8r37rzLe9b8LHTh7XIdF9S3Ak/edit?usp=sharing

主要流程如下：

先建立一個 "01_ 電車難題 .doc" 的檔案，這一個檔案是影片字幕轉錄稿 (影片連結：https://youtu.be/F55hENwye5Q)，經過 G-AI 把原始轉錄稿的時間去除掉、在連接起來成為一個檔案，然後上傳到「專案」中。

在對話開始前，我會先問他一件事情：「知識庫中 "01_ 電車難題" 的對話模式與內容，你是否能夠理解呢？」G-AI 就會理解我的意思，會嘗試還原哈佛大學 Michael Sandel 教授哲學課程的情境。

上述內容也都可以放在專案 (Projects) 的內部指令區 (Project Instructions)。

● **Claude 專案，執行效果也不錯**

首先將《正義：一場思辨之旅》之電車問題影片的「對談內容」轉成 PDF 檔案，然後上傳至 Claude 專案，並且將前述長指令，上傳至 Claude。這一次還將 Youtube 影片的「對談內容」上傳（現在許多影片都有講稿抄本 Transcript），主要是希望重現影片中的場景，讓我也能感受一下在哈佛大學殿堂學習的情境。

然後，開始下指令進行對談，但上述預設指令是由大語言模型扮演學生，這次我想要換我扮演學生，因此我下的第一個指令：我這次想要扮演學生，你來扮演教授。

> **Claude：**
>
> 很好，讓我扮演桑德爾教授的角色，引導您探討電車難題。
>
> 假設您是一列電車的司機，電車正以時速 60 英里的速度行駛。您突然發現前方軌道上有五名工人在工作。您試圖停車，但剎車失靈了。這時您注意到右側有一條岔道，那裡有一名工人在工作。您可以轉向岔道，這樣會造成一人死亡，但可以救下五人。
>
> 第一個問題：在這種情況下，您會怎麼做？為什麼？
>
> （這個問題運用了技巧 1：理清思維、探究思考根源，讓學生需要解釋自己的選擇及其背後的原因）

我：轉向。

Claude：

好的，您選擇轉向。爲什麼您會選擇轉向而不是直行呢？

（技巧3：提供證據作爲論證基礎 － 這個問題要求學生說明選擇的理由，展示其思考過程）

我：爲什麼這麼做喔，讓我想看看。

Claude：

讓我用一個具體例子來引導您的思考。假設您在醫院是一位醫生，同時有六位病人需要急救。五位是輕傷，一位重傷。您只能選擇救治其中一組人。在這種情況下，您會如何選擇？爲什麼？

（技巧4：發現不同觀點、反事實推理 － 通過類比的方式，幫助學生從另一個角度思考問題的本質）

我：我當然是救治重傷的那一位啊！

Claude：

有趣的選擇。剛才在電車難題中，您選擇轉向犧牲一人救五人。但在醫生的情境中，您卻選擇救一位重傷者而放棄五位輕傷者。這兩個選擇似乎存在矛盾。您能解釋這種差異的原因嗎？

（技巧2：挑戰學生的假設 － 指出看似矛盾的選擇，促使學生反思決策標準）

我：因為五位輕傷不會死啊！

Claude：

讓我們深入探討一下這個觀點。

在醫院情境中，您認爲五位輕傷者不會死亡，所以優先救治重傷者。但在電車情境中，如果您直行，那五位工人必死無疑。這就是關鍵的差異 － 結果的嚴重程度。

那麼，如果我改變醫院的情境：假設這五位輕傷者如果得不到及時救治也會死亡，您還會做出同樣的選擇嗎？

（技巧5：探索影響和後果 - 通過改變情境中的關鍵條件，讓學生思考結果對決策的影響）

我：假設重傷者太嚴重，死亡機率太高，我會救治輕傷的，我會選擇救治極大效益化。

Claude：

現在讓我們考慮另一個情境：您在一座橋上，看到電車即將撞向五名工人。您旁邊站著一位體型肥胖的人，如果將他推下去，可以擋住電車救下五名工人。在這種情況下，您會推那個人嗎？

（技巧4：發現不同觀點 - 透過新的情境，探討是否以相同的效益原則做決定）

我：可以不要推下去嗎？

Claude：

很好，您開始猶豫了。爲什麼在電車司機的情境中，您願意轉向犧牲一人，但在橋上的情境中，您卻不願意推人？兩種情況下都是犧牲一人救五人，有什麼本質的不同嗎？

（技巧1：理清思維、探究思考根源 - 引導學生思考兩種情境中道德判斷的差異）

我：我不是不願意推人，而是可以讓我用旋轉的方式，把某一個閘門口打開，讓這位胖子掉下去？

Claude：

啊，這讓我想到一個更深層的問題。如果把推人改成按開關，您就接受了。爲什麼直接用手推人和按開關讓人掉下去，在道德判斷上會有差異？這是否反映了我們在道德判斷時，不僅考慮結果，還在意行爲方式？

（技巧6：質疑問題的意義 - 探討行爲方式與道德判斷的關係）

我：可能是因為人與人透過接觸，感性會影響理性的判斷吧！

Claude：

現在我們觸及了行動倫理的核心問題。您提出「接觸」會影響判斷，這很有洞見。讓我們試一個最後的情境：

您是一位器官移植醫生，有五位病人各需要不同器官才能存活。隔壁房間剛好有位健康的人在做例行檢查。您可以透過醫療程序取得他的器官來救這五個人。您會這麼做嗎？

（技巧5：探索影響和後果 – 測試「直接接觸」與「間接程序」的道德判斷差異）

我：我也不會啊，因為這個人並沒有義務犧牲自己的生命。

Claude：

您點出了另一個重要區別 – 「義務」。讓我們對照前面的例子：

- 電車軌道上的工人，基於工作場域預期了某種風險
- 橋上的路人，完全不在這個風險情境中
- 醫院的健康檢查者，沒有承擔救助他人的義務

如果我們回到最初的電車難題：那位在岔道上的一位工人，他是否也應該承擔這個風險？這個選擇還正確嗎？

（技巧2：挑戰學生的假設 – 讓學生重新思考最初判斷的基礎）

我：他不該承擔這個結果，但我的選擇必須侵害最小化，他只是我選擇底下的犧牲品。

Claude：

您提出了「侵害最小化」的功利主義觀點，同時也承認這是不公平的。讓我總結我們的討論發現：

1. 結果嚴重性會影響決策（醫院輕重傷案例）
2. 行動方式影響道德判斷（推人 vs 按開關）

3. 當事人的義務與風險預期很重要（工人 vs 路人）

4. 有時我們必須在道德原則和實際後果間做出權衡

這反映了道德判斷的複雜性，沒有完美的答案。

討論結束。感謝您的深入思考！

我：畫出我的思維邏輯關係圖。

（註：原本是請其用「表格」來呈現這一段討論的內容，但感覺效果有限）

Claude：

這張整合圖顯示了您的思維如何從理性和感性兩個維度出發，經過效益原則和義務原則的權衡，最終形成決策。圖中也呈現了不同情境中的判斷如何導向最終的決策標準。

在這個討論過程中，每個問答都很清楚，但整合起來就有點搞不清楚邏輯，這也是電車難題之所以為「難題」的緣故。透過 Claude 幫忙繪製思維邏輯圖，確實能釐清一下我是如何下決定的，可以輔助重建我的決策過程。

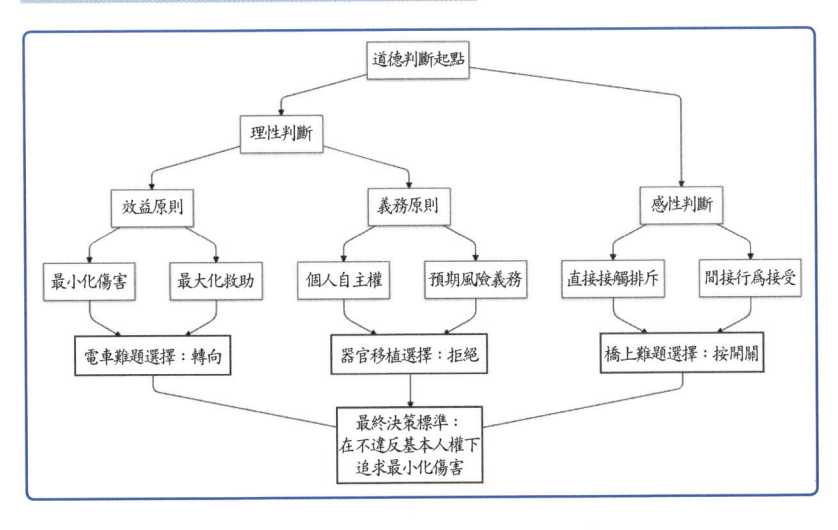

```
                    道德判斷起點
                         │
            ┌────────────┴─────────────┐
         理性判斷                    感性判斷
       ┌────┴────┐                ┌────┴────┐
    效益原則   義務原則         直接接觸排斥  間接行為接受
    ┌──┴──┐    ┌──┴──┐              │         │
 最小化  最大化  個人  預期風險
 傷害    救助   自主權  義務
    │      │     │       │           │         │
 電車難題選擇：  器官移植選擇：      橋上難題選擇：
    轉向         拒絕                 按開關
                         │
                  最終決策標準：
                 在不違反基本人權下
                  追求最小化傷害
```

● 後記：哪一個答案可以說服我！？

　　身為一位法律人，也算是哲學界的一員，哲學界對於此一電車難題只是無窮盡地討論下去，卻找不到答案，努力追求真理的我，將 Michael Sandel 教授課堂教學影片看了大約百來次，還把他的書買來仔細閱讀，左翻右翻還真的是沒有答案；正在不知道該怎麼半的時候，在翻閱一本行為經濟學領域的書籍《躲在我腦中的陌生人》時，卻意外地找到了堪稱滿意的答案，就是系統一（感性）干擾了系統二（理性）之運作[10]。

　　簡單來舉一個例子，一輛巡航在中東附近海域的美國航空母艦，接到一個要用巡弋飛彈轟炸 ISIS 敵人的指令，在那一瞬間，恰巧 ISIS 的恐怖份子正要引爆化學武器，只要引爆成功將導致一百萬無辜民眾的死亡，如果轟炸成功則可以拯救這些平民百姓，但還是可能會有一千位無辜民眾死亡，身為艦長的你會不會按下這個按鈕？

　　會，是大多數朋友的反應，還是「犧牲小我、完成大我」的原則在發酵。再假設一些情境，如果艦長在按下按鈕的瞬間，從現場監視器中發現自己可愛的女兒正站立在現場，深愛女兒的艦長，是否還會按下飛彈發射的按鈕呢？理性來說，犧牲女兒、拯救百萬無辜民眾於水火中，這當然符合「犧牲小我、完成大我」的原則；可是正因為犧牲的對象是自己的女兒，這一個感性判斷會影響大腦「犧牲小我、完成大我」的理性決策，這就是感性影響了理性的例子。

　　我們要避免感性影響了理性，可以設計一些科技機制，讓科技機制來協助自己執行理性行為。

---

[10] David Eagleman，躲在我腦中的陌生人，第 152-159 頁。

第 21 章　思維鏈、偽代碼的技巧

● 思維鏈，解決答案錯誤的問題

・8.19 與 8.7 誰比較大

「思維鏈」（chain of thought，簡稱 CoT），透過一步一步地（Step by step）提供運算思路，大語言模型就可以透過所提供的思路進行思考，藉此生成更為正確的答案；然而，思維鏈（CoT）僅使用自然語言，可能過於冗長且模稜兩可，加重了模型在生成過程中的負擔。

為解決此一問題，也有很多延伸性的技術開發，譬如說「結構化思維鏈」（SCoT），要求 LLM 使用三種程式設計結構（順序、分支和迴圈）來生成結構化推理步驟，可以產生更準確、結構更清晰的程式碼[11]。

我們用 ChatGPT 4o 版本來進行分析（2024/10/6）：

我的Prompt	生成式AI測試回應結果
8.19與8.7誰比較大	8.19 比 8.7 大。（✗）

上面的答案明顯是錯誤的，如果用思維鏈的模式是否會比較好呢？

---

[11] Structured Chain-of-Thought Prompting for Code Generation, https://arxiv.org/abs/2305.06599.

我的Prompt	生成式AI測試回應結果
請以思維鏈方式，step by step下列問題 8.19與8.7誰比較大	步驟1: 理解問題 我們需要比較兩個數字：8.19 和 8.7，找出哪一個數字更大。 步驟2: 分析數字 • 8.19：這是一個小數，整數部分是8，小數部分是19。 • 8.7：這也是一個小數，整數部分是8，小數部分是7。 步驟3: 比較整數部分 兩個數字的整數部分都是8，所以在這一部分它們是相等的。 步驟4: 比較小數部分 現在我們需要比較它們的小數部分： • 8.19 的小數部分是19。 • 8.7 的小數部分是7。（✗） 步驟5: 確定較大小數部分 19 大於 7，因此小數部分 8.19 更大。 步驟6: 得出結論 因為 8.19 的小數部分更大，所以 8.19 比 8.7 大。

結果還是錯的，但是思維鏈可以將 ChatGPT 的思考過程顯示出來，找出錯誤的地方。

只要知道錯誤點在哪裡，就可以協助重新建立新的思考流程。

從顯示的思維過程中，發現原因是 ChatGPT 會將 8.7 的小數部分誤認為 7，而不會自動補上 0。因此，底下的思維鏈要告訴思維的過程，請 ChatGPT 依據我們所指示的思維過程進行解題：

175

我的Prompt	生成式AI測試回應結果

請以思維鏈方式，step by step下列問題：
 	
思維流程
A.先比較整數，整數若比較大的數字則比較大
B.若整數相同的話，則比較小數點以後的數字
C.比較小數點的數字，應該要注意補上0，例如5.5如果是小數點以下兩位數字，則應該是5.50，小數點以下是0.50
D.補上0之後，讓比較的數字小數點相同位數後，再進行比較小數點的大小，以決定哪一個數字比較大或比較小
 	
問題：8.19與8.7誰比較大？
	好的，讓我們按照您的思維流程一步步分析這個問題：
	步驟A: 先比較整數
	1.比較整數部分：
	   •8.19的整數部分是8。
	   •8.7的整數部分也是8。
	2.結論
	   •整數部分相同(8＝8)，所以我們需要進一步比較小數部分。
	步驟B: 比較小數點以後的數字
	1.提取小數部分：
	   •8.19的小數部分是19。
	   •8.7的小數部分是7。
	步驟C: 注意補上0
	1.補上0：
	   •將8.7轉換為小數點後有兩位數字的形式，即8.70。
	   •現在我們有：
	     •8.19（小數部分是19）
	     •8.70（小數部分是70）
	步驟D: 比較小數點的大小
	1.比較小數部分：
	   •現在比較19和70。
	   •19小於70。
	步驟E: 得出結論
	1.結論：
	   •因為8.19的小數部分（19）小於8.70的小數部分（70），所以8.70比8.19大。

　　看起來表現就相當不錯，透過這一個例子，可以讓我們更了解思維鏈的運作方式，該如何下更正確的指令，可以讓ChatGPT表現得更好。

● 台北今天有放颱風假嗎？

再舉一個查詢，我在 113 年 11 月 1 日時詢問下列問題：

我的Prompt	生成式AI測試回應結果
台北今天有放颱風假嗎？	是的，台北市今天（10月31日）已宣布停班停課。台北市長蔣萬安表示，將於今晚8點宣布明天（11月1日）是否繼續放颱風假。

這個答案並不正確，因為今天是 113 年 11 月 1 日，有可能 ChatGPT 查詢到昨天的資料。因為原因不明，所以可以利用思維鏈檢視其處理的流程，我也提供基本的規則（RULE），請其依據規則辦理。

我的Prompt	生成式AI測試回應結果
請用思維鏈，一步一步地說明你的處理過程？ 請查詢台北今天有放颱風假嗎？ #rule ##優先查看官方數據、多重查證 ##如果必須要搜尋，請使用精確關鍵字	為了確保回答的準確性，我將按照以下步驟處理您的問題： 1.理解問題：您詢問「台北今天有放颱風假嗎？」今天是2024年11月1日。 2.查找官方資訊：根據規定，應優先查看官方數據，並進行多重查證。因此，我將查閱台北市政府和行政院人事行政總處的公告。 3.確認公告時間：通常，台北市政府會在前一天晚上8點宣布次日是否停班停課。因此，我將查找2024年10月31日晚間的公告。 4.查詢結果：經查，台北市政府於2024年10月31日晚間宣布，11月1日(今日)正常上班上課。此資訊可在行政院人事行政總處的停班停課公告中查證。 5.提供建議：建議您在出門前，留意天氣變化，攜帶雨具，並注意交通狀況。 希望以上步驟能清楚說明我處理您問題的過程。

這時候，我檢視一下 ChatGPT 處理此一問題的流程，並進行修正如下：

我的Prompt

請用思維鏈,參考下列步驟,一步一步地說明你的處理過程?
請查詢台北今天有放颱風假嗎?
##請先理解問題:例如"台北"指的是台北市還是新北市、今天是哪一個確切的日子?
##優先查看官方數據、多重查證:譬如說台北市政府、行政院人事行政總處有關於是否放假的公告,並依據公告的時間,確切地查找相關日期的公告
##查找其他來源資料,進行比對。
##搜尋到的答案,請使用簡潔內容回應該問題,並提供有確實引用資料的資料來源。
##回覆時請使用繁體中文

最後,其回答如下:

生成式AI測試回應結果

第一步:理解問題
- 地理範圍確認:「台北」可能指的是「台北市」或「新北市」。由於兩者行政區域不同,停班停課的公告也可能不同,因此需分別查詢。
- 日期確認:今天是○○年○○月○○日(星期○)。
- 問題核心:查詢台北市與新北市是否因颱風影響而宣布放假。

第二步:查詢官方資料
- 根據行政院人事行政總處公布的2025年政府行政機關辦公日曆表,○○月○○日並非國定假日或連續假期的一部分。
- 此外,根據中央氣象署的資料,○○月○○日並無颱風警報或相關天氣警特報發布,亦無宣布停班停課的消息。

第三步:多重查證
- 台北市政府:截至目前,台北市政府網站未發布任何關於○○月○○日因颱風而停班停課的公告。
- 新北市政府:同樣地,新北市政府也未發布相關停班停課的消息。
- 新聞媒體:查閱各大新聞媒體,亦未見有關台北地區因颱風而放假的報導。

結論
- 綜合以上資訊,○○年○○月○○日(星期○),台北市與新北市均未因颱風影響而宣布放假。

但檢查其內容時，發現其提供的參考資料列表並沒有台北市政府、行政院人事行政總處的資料，猜測可能是以媒體報導為依據；我自己也上網查詢了一下，不太好搜尋到台北市政府有關是否放颱風假的公告。現在許多 G-AI 都有提供上網蒐集資料的流程，但目前搜尋資料的品質還是很不穩定，因此個人偏好自己上傳相關資料，在上傳資料範圍內進行分析。

● 偽代碼：訓練推理思維

・手錶在哪裡掉的？

網路上偶然看到這樣一道題：

> 某大學生甲遺失一隻手錶，經調查已知下列情況為真：
> Ⓐ若手錶不是在宿舍裡遺失的，那就一定是在校園內或大街上遺失的；
> Ⓑ如果甲出宿舍時看過手錶，那就不是在宿舍裡遺失的；
> Ⓒ若是在校園裡遺失的，就該有失物招領告示；
> Ⓓ出宿舍時看過手錶。
> Ⓔ沒有失物招領告示。

根據上述情況，推出大學生甲的手錶遺失在何處，並請寫出推理過程。

> **Claude**：
> 這是一道邏輯推理題。讓我們一步步分析來找出大學生甲的手錶丟失在何處。
> 1. 首先，我們從已知條件 D 開始： 出宿舍時看過手錶。
> 2. 結合條件 B：如果甲出宿舍時看過手錶，那就不是在宿舍裡

丟失的；由此我們可以推斷：手錶不是在宿舍裡丟失的。

3. 現在看條件A：若手錶不是在宿舍裡丟失的，那就一定是在校園裡或大街上丟失的。如推論2，既然我們已經確定手錶不是在宿舍裡丟失的，那麼根據條件A，手錶一定是在校園裡或大街上丟失。

4. 接下來看條件C和E： 條件C：若是在校園裡丟失的，就該有失物招領告示、條件E：沒有失物招領告示；由D和E可以推斷，沒有失物招領告示，手錶不是在校園裡丟失。

5. 綜合以上推理：

手錶不是在宿舍裡丟失。

手錶一定是在校園裡或大街上丟失。

手錶不是在校園裡丟失。

　　因此，通過逐步排除其他可能性，我們最終確定了手錶丟失地點發生的可能性。我們可以得出結論：大學生甲的手錶是在大街上丟失的。

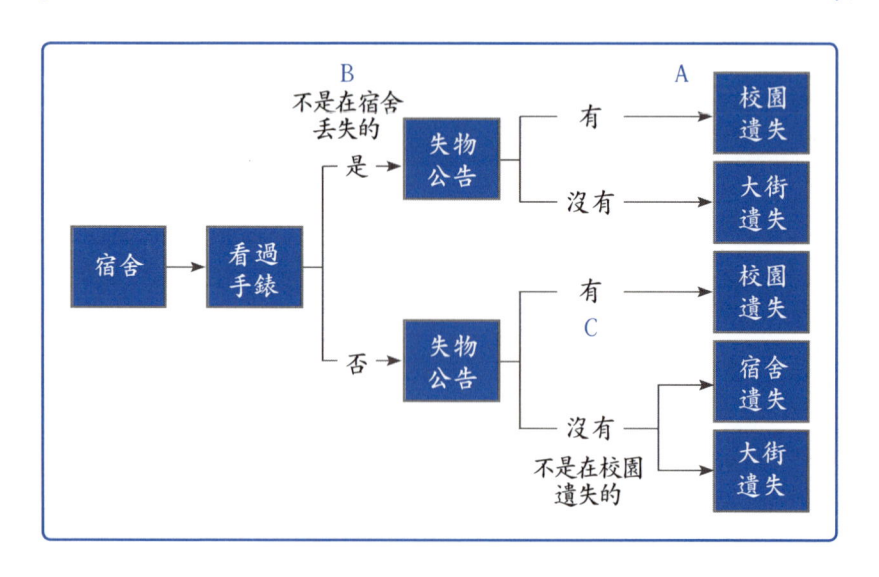

我自己是看得很頭昏，也嘗試去畫一張圖來理解彼此之間的關係：（左頁下圖）

上述推論過程，無論是文字或樹狀圖，是否很難看出彼此之間的關係呢？或者是畫完之後好像覺得有一些不太順暢的感覺，生成式 AI 擅長於撰寫程式的邏輯架構，應該可以幫我釐清一些思考流程吧！

但一般人未必會寫程式，這時候可以導入「偽代碼」的技術，所謂偽代碼，也算是自然語言的內容，只是加上程式語言結構特色的描述方式，可以說是介於自然語言與程式語言之間的一種描述技巧。即便不會寫程式，還是可以利用偽代碼的技術，例如使用如 if-else、while 等簡單的邏輯結構，了解問題的思維結構與邏輯關係。

● **為什麼在法律邏輯中使用偽代碼？**

- 結構化思考：幫助將複雜的法律問題分解為清晰、有序的步驟。
- 可視化邏輯：使抽象的法律推理過程變得更加具體和可視。
- 提高準確性：減少推理過程中的邏輯錯誤和遺漏。
- 跨學科技能：培養邏輯思維和問題解決能力，這在法律之外的領域也很有價值，對於一直用抽象概念思考的法律人，結構化的思考架構可以幫助我們釐清問題的方式。

讓我們看一個簡單的法律邏輯示例：（本例在刑事法領域學者來看，用詞不是很精準，請見諒）

```
if A行爲符合法律規定的犯罪構成要件：（第一階構成、
   進入第二階）
    if 存在阻卻違法事由：
        A行爲阻卻違法
    else:
        if 行爲人不具有刑事責任能力：（第二階構成、進
           入第三階）
            A行爲無責任能力
        else:
            A行爲有罪
else:
    A行爲無罪
輸出 A行爲的違法性判斷結果
```

- 讓我們用僞代碼，練習手錶在哪裡掉的？

```
// 1. 定義變數
let 在宿舍丟失 = 未知
let 在校園丟失 = 未知
let 在大街丟失 = 未知
let 出宿舍時看過手錶 = 未知
let 有失物招領告示 = 未知

// 2. 依據題目內容設定條件
出宿舍時看過手錶 = 眞   // 根據條件D
```

```
有失物招領告示 = 假     // 根據條件 E

// 3. 推理過程

// 應用條件 B
if 出宿舍時看過手錶 == 眞:
    在宿舍丟失 = 假

// 應用條件 A
if 在宿舍丟失 == 假:
    // 根據條件 A，手錶一定是在校園或大街上丟失
       至少一個爲眞(在校園丟失，在大街丟失)

// 應用條件 C 的逆否命題
if 有失物招領告示 == 假:
    在校園丟失 = 假

// 最終推論
if 在宿舍丟失 == 假 and 在校園丟失 == 假:
    在大街丟失 = 眞

// 輸出結果
print(" 手錶丟失位置：大街上 ")
```

● Graph of Thoughts（GoT）

Graph of Thoughts（簡稱 GoT），稱之為思維圖表，顯示不同的思維是如何連結與分支，是一種針對大型語言模型（LLMs）的高級推理框架，旨在超越傳統的 Chain of Thought（CoT） 或 Tree of Thoughts（ToT） 等方法。

GoT 將推理過程建模為一個圖（graph），其中每個由 LLM 生成的"思維"被表示為圖中的節點（或頂點），而這些思維之間的關聯或依賴關係則作為邊來表示。這種結構允許 LLM 進行更靈活的多維思維，類似於人類的認知過程。

・GoT 的主要特點包括：

- 結合思維：可以將多個獨立生成的思維整合成一個更具協同效應的結果。
- 優化思維：通過反饋迴路來改進已生成的思維，提升解決問題的質量。
- 高靈活性：允許 LLM 在解題過程中進行動態調整，對思維進行回溯、合併或優化。

GoT 可以應用於解決各種類型的問題，特別是那些需要多步驟推理或多角度思考的問題。以下是一些具體的應用場景範例：

①商業決策問題：假設一家公司需要決定是否進行市場擴張。透過 GoT 框架，模型可以生成多個不同的解決方案，例如：

- 第一個解決方案專注於擴展到新地區。
- 第二個解決方案考慮加強現有市場的銷售策略。
- 第三個解決方案專注於在線業務的增長。

這些方案都會被視為獨立的思維節點，接著可以結合這些解決方案的最佳部分（例如新地區擴展與在線業務增長的結合），形成一個更全面的方案。

②產品設計問題：假設您正在開發一款新產品，GoT 可以用於生成多個不同的設計方案。例如：

- 一個方案強調產品的易用性。
- 另一個方案則注重於產品的耐用性和成本效益。
- 第三個方案強調產品的環保材料使用。

GoT 會將這些獨立的設計想法進行合併，生成一個綜合考慮易用性、耐用性和環保材料的最佳設計。

③科研問題：假設您在進行科研實驗，GoT 可以用於生成多種實驗設計方案，例如：

- 一個實驗設計聚焦於變量 A 的影響。
- 另一個實驗設計考慮了變量 B 和 C 的交互作用。
- 第三個設計則專注於控制組的精確設置。

GoT 可以幫助您整合這些方案，結合最佳實驗設計思路，來進行更為精確的實驗。

> 生成多個針對以下問題的解決方案,並將每個解決方案建模爲獨立的思維。將每個解決方案的最佳部分整合成一個新的、更全面的方案,並根據不一致之處進行改進。
>
> 問題:
>
> 　　租約三年即將期滿,目前房東要漲房租,從3.5萬變成4.5萬 我們已經投入了一筆裝潢費用,30萬元,要繼續租嗎?還是要去買房子?附近好一點的房價每坪都要70萬元以上,30坪的房子也要2,100萬元。

・生成的解決方案:

解決方案節點1:續租並嘗試與房東協商

⊙優勢:

- 已投入裝潢費用,繼續住在現有的房子能夠充分利用這筆費用。
- 短期內續租避免了購房的高額首付和貸款壓力。
- 可以嘗試與房東協商,比如將租金調整到中間價位,如4萬元,這樣房東能夠稍微提高收益,而你也可以減少漲幅的壓力。

⊙劣勢:

- 每月的租金支出仍然增加,即使協商後減少,但長期而言不如購房來得劃算。
- 租賃的不確定性,例如未來房東可能再次調漲租金,或者不願意續租。

解決方案節點2:購買房子

⊙優勢:

- 購房可以避免未來的房租調漲,資產可以隨著房價增值。
- 每月的房貸支出相對固定(視貸款條件而定),提供長期的居住穩定性。

- 投資房地產可能帶來資本增值回報。
⊙ 劣勢：
- 需要準備高額的首付（例如首付約 30% 爲 630 萬元），可能會造成短期內的資金壓力。
- 購房會面臨每月房貸支出的壓力，以及房產稅和維修費用等隱藏成本。
- 房價波動風險，若市場下跌，可能會產生資產縮水的情況。

解決方案節點 3：探索第三方選項
⊙ 優勢：
- 考慮搬到附近較便宜的租屋區域，可能找到比四萬五租金更便宜的選擇。
- 繼續租賃而不是購房，這樣可以保持資金的靈活性，未來若有更好的購房時機或其他投資機會，可以及時抓住。

⊙ 劣勢：
- 搬家可能會帶來不便，並且可能需要支付搬遷費用和重新裝潢新居。
- 離開當前的房子可能會損失已經投入的 30 萬元裝潢費。

最終方案（整合最佳部分）：

根據這些方案，您可以先與房東協商將租金降至 4 萬元左右，繼續租住該房子，充分利用裝潢費用的投資。同時，根據目前的房價和首付款壓力，保持靈活的租賃選擇，暫緩購房決策，等待更好的市場機會。此過程中可以定期評估周邊的購房和租賃市場，並留意未來幾年的市場變化。

這樣既能減少短期內的財務壓力，也保留未來購房的可能性。

第 22 章 國家考試應用分析

● 英文單字出現次數

隨著科技的進步，生成式 AI 已經成為教育領域中一個不可或缺的工具。特別是在準備國家考試時，考生需要有效地掌握大量的詞彙。傳統的學習方法可能效率低下，因此，我們可以利用生成式 AI 來幫助分析歷年英文試題中的單字出現次數，從而確定哪些單字在考試中出現頻率較高，進而優先學習這些單字，提升備考效率。

我們設計了一個 Python 程式來實現這一功能。首先，我們通過程式讀取歷年英文試題的 TXT 檔案，然後使用正則表達式去除標點符號，接著將所有單字轉為小寫，以統一計算。之後，通過計數器對單字出現的頻率進行統計，最後將結果保存在一個輸出文件中。

這樣的分析可以讓學生了解哪些單字在考試中出現頻率較高，從而優先學習和掌握這些高頻單字。例如，假設統計結果顯示單字 "government"、"constitution" 以及 "amendment" 出現的次數最多，那麼考生就可以在備考時重點記憶和理解這些單字的用法和相關例句，從而在考試中取得更好的成績。

這種方法不僅適用於國家考試，也可以應用於其他類型的測試，如托福、雅思等，讓考生能夠針對性地進行詞彙學習，提升備考效率。

● AI 設計一個 Python 分析程式

英文歷屆考題檔案，內含字數通常相當多，直接請生成式 AI 進行分析，結果可能不正確，也可能只會處理前面一部分的文字，後面的就「混」過去。

因此，想要下指令請生成式 AI 完成分析英文單字出現次數，並不現實。

但是，生成式 AI 很會寫程式，可以請他撰寫一個分析單字出現次數的小程式，並將結果以 EXCEL 的檔案格式下載，生成式 AI 可以輕鬆做到，以下就是實作的範例與過程：

我的Prompt	生成式AI測試回應結果（續次頁）

請幫我設計Google Colab上運行的完整Python程式碼，內容為請使用者上傳英文考題的TXT檔案，然後會計算出英文單字出現次數，並將結果以xlsx檔案方式輸出。每一段程式碼，以繁體中文進行說明	`!pip install pandas openpyxl`
	`import re`
	`from collections import Counter`
	`from google.colab import files`
	
	`# 定義函數來計算單字出現次數`
	`def count_words(file_path):`
	`    with open(file_path, 'r', encoding='utf-8') as file:`
	`        text = file.read()`
	`    # 移除標點符號`
	`    text = re.sub(r'[^\w\s]', '', text)`
	`    words = text.lower().split()`
	`    word_counts = Counter(words)`
	`    return word_counts`
	
	`# 上傳文件`
	`uploaded = files.upload()`

我的Prompt	生成式AI測試回應結果（承前頁）

	for file_name in uploaded.keys()：
	　　word_counts = count_words(file_name)
	　　output_file = file_name.split('.')[0] + '_word_counts.txt'
	
	　　# 保存結果到文件
	　　with open(output_file, 'w', encoding='utf-8') as file:
	　　　　for word, count in word_counts.items()：
	　　　　　　file.write(f"{word}: {count}\n")
	
	　　# 下載結果文件
	　　files.download(output_file)
	
	print("單字出現次數分析完成並已下載結果文件。")

● **執行錯誤時，請生成式 AI 除錯**

　　後來出現錯誤代碼，可以直接請生成式 AI 分析原因，並修正原本的程式碼。

我的Prompt
words.txt (text/plain) - 52534 bytes, last modified: 2023/11/20 - 100% done Saving words.txt to words.txt -- UnicodeDecodeError Traceback (most recent call last) <ipython-input-3-a8ddccc117fd> in <cell line: 26>() 26 for file_name in uploaded.keys()：27 # 計算單字出現次數 ---> 28 word_counts = count_words (file_name) 29 30 # 將結果轉換為DataFrame 1 frames /usr/lib/python3.10/codecs.py in decode (self, input, final) 320 # decode input (taking the buffer into account) 321 data = self.buffer + input --> 322 (result, consumed) = self._buffer_decode (data, self.errors, final) 323 # keep undecoded input until the next call 324 self.buffer = data[consumed:] UnicodeDecodeError: 'utf-8' codec can't decode byte 0xff in position 0: invalid start byte

　　最後，其回答如下：

生成式AI測試回應結果（續次頁）

這個錯誤是由於文件的編碼問題引起的。為了解決這個問題，可以使用chardet庫自動檢測文件的編碼並進行相應的處理。在Google Colab上，你可以安裝chardet庫並修改程式碼來處理不同編碼的文件。

以下是更新後的完整程式碼，處理文件編碼問題並在Google Colab上運行：

```
# 安裝所需的pandas、openpyxl和chardet庫
!pip install pandas openpyxl chardet

import re
from collections import Counter
import pandas as pd
from google.colab import files
import chardet

# 定義函數來計算單字出現次數
def count_words(file_path):
    # 自動檢測文件編碼
    with open(file_path, 'rb') as file:
        raw_data = file.read()
        result = chardet.detect(raw_data)
        encoding = result['encoding']

    # 使用檢測到的編碼打開文件並讀取內容
    with open(file_path, 'r', encoding=encoding) as file:
        text = file.read()
    # 移除標點符號
    text = re.sub(r'[^\w\s]', '', text)
    # 將所有單字轉為小寫，並分割成單字列表
    words = text.lower().split()
    # 計算單字出現次數
    word_counts = Counter(words)
    return word_counts

# 上傳文件
uploaded = files.upload()
```

生成式AI測試回應結果（承前頁）

```
# 處理每一個上傳的文件
for file_name in uploaded.keys():
    # 計算單字出現次數
    word_counts = count_words(file_name)

    # 將結果轉換爲DataFrame
    word_counts_df = pd.DataFrame(word_counts.items(), columns=['Word', 'Count'])

    # 輸出文件名
    output_file = file_name.split('.')[0] + '_word_counts.xlsx'

    # 將DataFrame保存爲xlsx文件
    word_counts_df.to_excel(output_file, index=False)

    # 下載結果文件
    files.download(output_file)

print("單字出現次數分析完成並已下載結果文件。")
```

● 上傳英文考題文字檔

最後，將程式執行、上傳英文考題文字檔案，順利執行並下載 Excel 檔案完成。

參考連結：https://colab.research.google.com/drive/1UMsc6cPOwUht6FTfk-8UY-86VTLl4aHl

● Excel 檔案分析與篩選

然後經過第二階段人力篩選，把一些 the, is, happy 等英文單字剔除掉，最後就可以整理出一個三等或四等的英文單字出題頻率的檔案。

	A	B
1	Word	Count
12	engages	1
15	activities	4
17	liable	6
19	damage	1
20	characteristic	1
22	nature	1
24	activity	1
26	resulting	1
29	innocuous	1
31	ultrahazardous	1
33	anodyne	1
35	nuisance	4
36	tort	7
37	law	16
38	hypothetical	1

・實務重點摘要與深入討論

在法律領域，生成式 AI 也展現了其強大的應用潛力。尤其在憲法法庭的判決分析中，生成式 AI 可以幫助律師和研究人員快速地分析大量的判決文本，提取關鍵資料，並進行深入的討論。

傳統的判決分析方法需要花費大量的時間和人力資源。律師需要仔細閱讀和分析每一個判決，找出其中的關鍵點和法律依據。這不僅耗時，而且容易因為人為因素導致遺漏或錯誤。然而，生成式 AI 可以通過自然語言處理技術，快速地分析大量的文本資料，提取出重要的法律條款、判決依據和案例比較。

例如，當我們將一個憲法法庭的完整判決交給生成式 AI 進行分析時，AI 可以自動識別出判決中的關鍵詞和關鍵句，生成一個判決摘要。此外，AI 還可以對這些關鍵資料進行分類和歸納，幫助律師更好地理解判決的重點和法律邏輯。

更進一步，生成式 AI 還可以根據輸入的判決文本，進行模擬討論。例如，律師可以向 AI 提問"這個判決的核心法律依據是什麼？"或者"有哪些案例可以支持這個判決的結論？"，AI 會根據已有的資料進行回答，提供有價值的法律分析和建議。

這樣的應用不僅提升了判決分析的效率，還大大降低了錯誤率。律師可以將更多的時間和精力投入到更具創造性和策略性的法律工作中，而不是繁瑣的資料整理和分析。生成式 AI 的應用，無疑為法律領域帶來了革命性的變革。

● **指令格式與範例：實務重點摘要**

我的Prompt	生成式AI測試回應結果
請幫我列出本判決的摘要與重點，並以三段論法的程序詳細描述本判決。	這是對憲法法庭○○年憲判字第○○號的判決的摘要與三段論法詳細描述： 摘要 本案涉及○○的規定進行憲法審查，並對臺灣○○法院○○年度○○字第○○號○○判決的違憲性進行裁定。法庭最終裁定該地方法院判決違憲，應予廢棄並發回重審。 重點 1.○○法第○○條第○○項規定：○○。 2.臺灣XX法院的判決：○○。 3.言論自由與名譽權的衡量：○○。 三段論法的詳細描述 　　○○○

如果覺得指令太複雜，也可以直接下一個簡單的指令：

請將下列憲法法庭判決摘要，並列出三個重點。
×××（將憲法法庭判決內容貼於此處）

● 指令格式與範例：三段論法

生成式 AI 未必能了解法律人的三段論法，所以可以先與其溝通，了解其是否懂三段論法：

我的Prompt	生成式AI測試回應結果
你知道法律人所稱的三段論法為何？	法律人所稱的三段論法是一種常見的法律推理方法，它涵蓋了法律判斷過程中的三個基本步驟： 1. 大前提（法條或法則）：這是對應法律規範的說明，例如一個法條或是普遍接受的法律原則。它提供了法律判斷的依據。 2. 小前提（事實認定）：這是關於案件具體事實的描述和認定。它涉及對案件事實的收集、分析和評估，確定哪些事實是真實並且相關的。 3. 結論（法律適用）：在大前提和小前提的基礎上，透過邏輯推理導出的法律結論。這一步驟涉及將法律規範應用於確定的事實，以作出法律判決或決定。 三段論法在法律推理中的應用有助於確保判決的合理性和系統性，使法律判斷不僅僅依賴於法官的主觀判斷，而是基於既定法律規範和客觀事實。种方法在法庭裁判、法律文 撰 以及日常的法律分析中都有廣泛使用。

看起來 G-AI 了解什麼是三段論法，所以我們可以在溝通前、溝通後，分別將憲法法庭判決交給生成式 AI 進行分析，看看有沒有差異。（請參見次頁）

顯然在溝通確認之前，其所認知的三段論法，與法律人認知的三段論法，有所落差；因此，如果要請生成式 AI 進行三段論法之分析，最後先問過一次，確認其所認知的三段論法與法律人的三段論法相同，再進行下一步驟的分析。

溝通確認前

摘要：(略)
判決重點：(略)
三段論法的詳細描述
　　引言段：本案涉及消防警察人員類別考試的身高限制，特別是對女性的160.0公分限制是否違憲。憲法法庭以憲法第7條平等權作為審查的依據，考量性別平等和公平參與公職的權利。
　　論證段：首先，憲法法庭透過統計資料顯示，該身高限制明顯不利於女性，排除的女性比例遠高於男性，因而形成性別上的不平等。其次，法庭考慮到相關規定的立法目的與達成目的之間缺乏實質關聯性，認為規定未能充分顧及性別平等原則。最後，考量到現實操作中，身高較矮的女性同樣能夠有效完成消防任務，證實現行規定對女性過於嚴苛且不必要。
　　結論段：根據上述論證，憲法法庭宣告有關身高限制的規定違憲，並指令有關機關在一定期限內修正這一不合理的性別差異規定。此外，法院強調應保障每位公民按法律平等參與公職的機會，不應因性別特徵而受到不公正的限制或排除。

溝通確認後

摘要與重點
一、大前提(法條或法則)：
- 憲法第7條保障人民平等權，任何基於性別的差別待遇必須有合理的理由並且符合重要的公共利益。
- 憲法第18條保障人民應考試服公職的權利。

二、小前提(事實認定)：
- 公務人員特種考試一般警察人員考試規則對男女設定不同的身高限制(男性不及165.0公分，女性不及160.0公分)，實際上使女性應考者受到較大的排除比例。
- 根據統計，這樣的身高標準排除了約55%的女性應考者，而只排除了約10%的男性應考者。

三、結論(法律適用)：
- 此一身高限制規定對女性形成不利的差別待遇，未能顯示其與追求的公共利益之間具有實質關聯性，因此違反了憲法第7條的平等權保障。
- 判決該身高限制規定自宣示之日起至遲於屆滿1年時失其效力，並命令相關機關修正規定，使男女之間的差異不應有過大的比例差距。

● 繪製體系圖

　　時間軸、人物關係圖、犯罪流程圖、判決體系圖等應用，對於法律人來說都非常實用，譬如說憲法法庭 113 年第 8 號判決是有關於死刑的判決，內容相當複雜，即便是法律人也要花上很久的時間才能看懂其內容。然而，我們可以利用 Claude 快速繪製體系圖後再慢慢閱讀，有助於釐清整個判決。

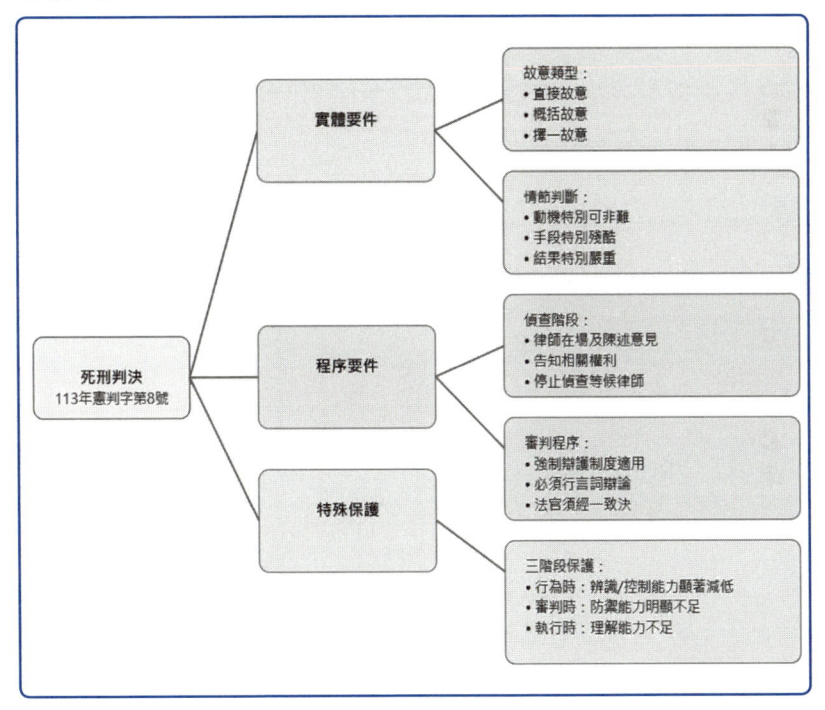

```
死刑判決
113年憲判字第8號
├── 實體要件
│   ├── 故意類型：
│   │   ● 直接故意
│   │   ● 概括故意
│   │   ● 擇一故意
│   └── 情節判斷：
│       ● 動機特別可非難
│       ● 手段特別殘酷
│       ● 結果特別嚴重
├── 程序要件
│   ├── 偵查階段：
│   │   ● 律師在場及陳述意見
│   │   ● 告知相關權利
│   │   ● 停止偵查等候律師
│   └── 審判程序：
│       ● 強制辯護制度適用
│       ● 必須行言詞辯論
│       ● 法官須經一致決
└── 特殊保護
    └── 三階段保護：
        ● 行為時：辨識/控制能力顯著減低
        ● 審判時：防禦能力明顯不足
        ● 執行時：理解能力不足
```

樹狀圖範例：
https://claude.site/artifacts/2b119f32-69aa-48cb-b65a-74eefb1935e2

● AI 將詰屈聱牙的教材，轉成輕鬆易懂的語音摘要

想像一下，面對堆積如山的教材，那些艱澀難懂的文字是不是常常讓您感到頭痛？現在，有了 NotebookLM 的「語音摘要」功能，這些都將成為過去式！

NotebookLM 就像一位貼心的 AI 老師，能夠將您上傳的各種文件，例如學術論文、研究報告，甚至是冗長的會議記錄，轉化為清晰流暢的語音摘要。您只需要輕鬆一點，AI 就能幫您快速提煉出重點，讓您在通勤、運動，或是任何碎片時間，都能用「聽」的方式輕鬆掌握核心內容。

如上圖，可以蒐集刑法正當防衛的文字檔教材，上傳後，生成語音摘要，就可以用聽的，也可以分享出來。

語音摘要：https://notebooklm.google.com/notebook/3dcff43a-c2ae-4205-a9e5-b9aeca57b10b/audio

對於法律系所的老師而言，上述語音摘要也可以節省「設計腳本」的時間，稍微使用影音編輯軟體加工一下，就可以變成很不錯的影音教材喔！

影片連結：https://youtu.be/kNLTqjBOj7I

第 23 章　對話功能應用（語文學習）

● 生成式 AI 改變語文學習的一場口語革命

有一次我被派出國演講，由於我的英文口語不太好，所以找了一位家教。這位家教非常認真，教我如何閱讀教材，並陪我練習發音，效果還不錯。但我心中有個小疑問：這位老師的發音是否可靠？我的發音別人聽得懂嗎？

這其實是每個人都有的疑惑。

生成式 AI 會將你的聲波與其資料庫進行比對，並加上上下文進行判斷，推論出你要表達的意思。換句話說，如果生成式 AI 可以理解你的發音，並辨識出你的意思，就代表別人也應該能聽懂你的發音。

因此，生成式 AI 可以幫助我們確認發音。

生成式 AI 不僅能確認發音，還有許多其他方面的功能，在效果和參與度上都超越了傳統方法。本章節將探討生成式 AI，特別是其對話功能，如何改變我們學習英語的方式。

● 過去學習語文的方法與困境

在過去，學習語文主要依賴以下幾種方法：

① 課堂教學：在學校或補習班由教師進行講解和指導。優點是有專業教師指導，能即時解答學生疑問；缺點是學習速度和內容受限於課程進度，教師資源有限，無法滿足每個學生的個別需求，且學生練習時間有限。

②教科書和參考書：通過閱讀和練習書中的內容學習語法和詞彙。優點是系統化且內容豐富；缺點是缺乏互動性，學生容易感到枯燥乏味，且無法及時得到反饋。

③語言交換和練習：通過與母語者或其他學習者交流來練習語言技能。優點是真實情境使用語言，提高口語和聽力能力；缺點是需要找到合適的交談對象，交流時間和頻率受限，如果是國外語言學校，成本又非常高昂。

④在線課程和 APP 應用程式：隨著科技發展，出現了如許多線上課程和語言學習應用 APP，固然學習時間靈活，缺點是互動性和個性化指導有限，而且又花費也不低。

● 生成式 AI 學習語文的大改變

生成式 AI 在語文學習領域帶來了以下幾個顯著的變革：

①個性化學習體驗：生成式 AI 能根據學生的學習進度和需求，提供量身定制的學習計劃和內容。學生可以根據自己的學習速度和興趣進行學習，提高學習效率和效果。以前在課堂上被老師叫起來對話會害羞，現在可以在私密環境中與生成式 AI 暢所欲言，不必擔心眾目睽睽下曝露發音不標準的尷尬。更神奇的一點，即使講得英文很不標準，生成式 AI 還是可以透過上下文理解你的意思。

②即時反饋和互動：生成式 AI 能即時糾正錯誤，提供詳細的解釋和建議。生成式 AI 對於鼓勵使用者不遺餘力，即使表現不佳也不會嘲笑你，相較於有些老師的反應，讓學生感到受傷。這種即時反饋和互動有助於學生及時改正錯誤，增強學習動機和信心。

③真實情境模擬：生成式 AI 能夠模擬各種真實的交流場

景，只要你設定清楚，說明要模擬情境、使用的語言（中英文夾雜也可以）和進行方式，就可以讓學生在逼真的情境中進行練習。例如，AI 可以扮演機場航空公司的櫃台，與學生進行對話，幫助學生提高口語和聽力能力。

・指令格式

・以蘇格拉底式對話方式進行 [語言] 練習。

・你將逐步提問，每次一個問題，問題的長度不要太長。

・我會回答你的問題，請給予一些修正意見後再進行下一個問題。

・解說的時候，請同時以中文與【×× 語言】方式回應，中文請以繁體中文方式呈現

然而，雖然這樣子的指令並沒有發揮蘇格拉底式的技巧，但生成式 AI 會用一個問題接著一個問題的方式，進行反復對談，達成語言交互對話的練習效果。

此外，也可以利用「Prompt chaining」的方式進行設計。所謂 Prompt chaining，是一種利用多步驟提示（prompts）來引導對話或任務的一種方法。在這個過程中，每個提示（prompt）會基於之前的輸入生成下一步的回應或問題，這樣一個連續的鏈條就形成了。這種方法可以用來完成更複雜的任務，因為它能逐步引導系統或用戶進行更深入的互動。

範例如下：

我的Prompt	生成式AI測試回應結果
Prompt chaining 任務目標：教我英文對話。 場景設定：出國搭機時辦理登機手續 難度設定：簡單(或困難) 流程： A.當ChatGPT開啓一個問題(並且附上繁體中文翻譯)後，等待使用者回答 B.使用者回答後，由ChatGPT檢視回答內容，並提供文法以及語句的建議，建議內容必須包含繁體中文與英文。 C.提出建議之後，在進行下一個問題。 D.使用者可以隨時結束對話。 E.使用者表示對話結束，請將你的問題、使用者的回答、你的修正建議重點，以表格方式呈現。	好的，我們開始這個「搭機登機手續」的英文對話練習。 ChatGPT：Good morning! May I have your passport and flight ticket, please? (早安！請問我可以看一下您的護照和機票嗎？) 請您回答！
Yes, Let me check……	您的回答很清楚，但有一點小建議讓句子更自然流暢： 建議： • "Yes, Let me check……" 可以修改爲 "Yes, let me check…" • 建議將 "Let" 的 "L" 改爲小寫，因爲它是在同一句內，不是句子的開頭。三個句點已足夠表示停頓。 翻譯： 繁體中文：好的，讓我查一下…… 接下來的問題： ChatGPT： Are you checking in any luggage today? (請問您今天有要托運行李嗎？) 請您回答！

＊G-AI發展迄今，其實不需要太複雜的指令，G-AI也能自動自發地成爲你的語言教練，連續一問一答，隨時糾正錯誤，提供建議……等。

● **輕鬆上手英文作文**

學生在家除了可以與生成式 AI 對談之外，還可以用多種方式訓練英文寫作技巧。如果是寫一篇作文，讓生成式 AI 批改是可行的，但對學生來說可能會有壓力，久而久之便會失去學習英語的興趣。

對於英文作文能力普遍較弱的台灣學生，我建議可以先以「超短文」的方式練習。與其寫 500 或 1,000 字，不如從 100 字，甚至 50 字開始。以下是參考指令，稍加修改即可使用：

以蘇格拉底式對話進行英語作文練習：

> ①任務：給我一個主題，並要求我寫一篇 100 字的作文。
>
> ②批改：我寫完後，請給予一些修改建議，再進行下一個問題。
>
> ③說明：解說時請同時以英文和繁體中文回應。
>
> ④比較：使用表格比較您的修改版本與我的原版本，明顯標示差異。

如果覺得「超短文」的方式還是很排斥，沒關係，讓我們透過 Prompt chaining 的方式進行「接龍」遊戲：

> Prompt Chaining
>
> 任務目標：教我英文作文（接龍方式進行）。
>
> 場景設定：如何賺大錢。
>
> 難度設定：簡單（或困難）。
>
> 流程：
>
> A. 接龍方式進行：ChatGPT 寫第一句，接著請使用者寫第二句。

B. 批改：使用者寫完後，ChatGPT 檢視回答內容，並提供文法及語句建議，建議內容必須包含繁體中文與英文。
C. 下一句：提出建議後，再由 ChatGPT 寫下一句，並說明寫這句的理由。
D. 結束對話：使用者可隨時結束對話。
E. 總體評估：使用者結束對話時，ChatGPT 評估整體內容，並將對話整合成一段完整作文。

· 結論

　　透過「超短文」和 Prompt chaining 等互動有趣的方法，學生可以循序漸進地提升英語寫作能力，而不至於感到壓力。利用 AI 的特性來進行結構化和支持性的學習，能讓學生在英文作文方面變得更加自信和熟練，從而讓學習變得輕鬆有趣且有效。

第 24 章　對話功能應用（偵訊模擬）

● 偵訊模擬情境：第一次詢問手在發抖！！！

　　飛機駕駛員有飛行模擬系統，可以不必飛上天，就能模擬各種飛行情況，這不僅能省下油錢，還能降低風險。同樣地，律師在協助當事人辯護時，當事人擔心在法庭上說了不該說的話，常常會請教律師應該如何回答。律師一開始總是耐心地告訴當事人可能會面臨的問題、應該如何回答以及為什麼要這麼回答。然而，當事人心中的擔憂並不是三言兩語就能安撫的，這常常讓他們不斷地打電話詢問，對於業務繁忙的律師而言，這是一個很大的困擾。

　　律師提供的各種專業建議說起來很輕鬆，但當事人聽起來卻很模糊。而上法庭面對審訊的主要是當事人，難免心裡七上八下，即便律師已經傾囊相授回應內容與技巧，但缺乏臨場感。這就像飛機駕駛員聽著老師上課講解，口頭說明不如直接進模擬艙飛行一次來得實際，更能有深刻的體會。因此，審訊模擬系統對當事人非常有幫助，而 ChatGPT 等大語言模型可以建置低成本的訓練模擬系統，接下來會一步一步地說明如何設計提示語（Prompt）。這樣的系統對於審訊犯罪嫌疑人或被告的司法人員來說也非常有用，尤其對於新進人員的訓練，如同飛機模擬艙一樣，具有極高的價值。

　　要讓 G-AI 能夠與你對談，必須下達正確的提示語（Prompt）。首先，我們希望在此「審訊模擬系統」（警詢）中，以有效的提示語（Prompt）讓 ChatGPT 達到以下功能目標：

- 能列出警方詢問可能會問的問題（一般所謂的偵訊要點）。
- 能與當事人進行模擬對談。
- 能說明提出詢問問題的理由。
- 能將模擬對談的問題與答案以「表格」方式呈現，包含問題、為什麼問、當事人回答內容，以及建議回答內容。

● **指令格式與範例**

- 格式

  請生成式 AI 扮演 [角色：如警察]，擅長偵訊。

  使用者扮演 [○○案件] 的當事人，並提供案件事實如下：

  [本案相關背景資料]

- 執行：模擬 [角色：如警察] 詢問情境的對談。
- 方式：

  ① 先列出偵訊要點，不超過 8 點。

  ② 生成式 AI 開始依據偵訊要點進行問答，並依據使用者的回答進行每一點偵訊要點的補充問答，全部問題不超過 20 個問題。

  ③ 當結束問題時，將前面問答內容以表格呈現，並提出建議回答。

我的Prompt

現在你是一位資深警察，擅長詢問罪犯。 請依據下列步驟，以one question、one answer的方式，step by step分析下列事項：

(1) 第一步，請向使用者表示已準備好接收本次詢問的案例事實。使用者提供案例資料後，進行下一步。
(2) 第二步，依據案例事實整理出偵訊要點，最多8點，並請使用者確認。使用者確認後進行下一步。
(3) 第三步，使用者確認後，則依據偵訊要點的架構開始訊問，一次一個問題，回答完才進行下一個問題。
(4) 第四步：詢問結束後，請將上述的詢問內容以表格方式整理，包括問題、答案、建議修正回答案容。
(5) 第五步：表格提供完畢後，詢問是否有需要討論事項，若無，則感謝結束。

規則：
・當每一個步驟結束，準備進行每一個步驟前，都要請我確認內容，並請使用者回答是(確認內容)或不是(內容有誤或欠缺)，如果我答"是"的時候，才能進行下一個步驟。
・若使用者回答"不是"的時候，請詢問具體哪個部分有誤，並根據使用者的回答進行修正，再次確認，方能進行下一步。
・模擬詢問格式，不需要加上第一個問題、第二個問題等，也不需要詢問是或不是，自然對談，不需要重複使用者的回答。
・詢問必須像是真實偵訊，如果我迴避問題，有想要脫罪的嫌疑，請積極地問更多的問題，最多20個問題。

上述內容指令因為較不完整,可能與偵訊實境有比較大的差距,而必須以指令不斷調整;我自己有設計一個 GPTs《偵訊模擬系統:李組長在此》,指令較為完備,可以在 ChatGPT 的「探索 GPTs」功能中,搜尋《偵訊模擬系統:李組長在此》的 GPTs,可以測試一下,感受一下更長指令設計出來的 AIBOT,對談表現比較穩定、可靠。(但在本書出版時,必須付費版本才能使用)

偵訊模擬系統:李組長在此

作者:CHIEN SHIH CHIEH

可以讓你感受警方製作筆錄的模擬情境

- 我想要模擬被詢問的情境...
- 我該如何與錢世傑博士聯繫呢?
- 我要開始模擬詢問
- 警詢模擬系統的概念是什麼?

我要開始模擬詢問

QRCode →

第 25 章　移送書、判決書套用

● 情境：輸入關鍵資料就能產生移送書？

　　法律界對於生成式人工智慧的導入進展緩慢。2023 年 8 月，司法院發布了一篇名為「司法院審慎發展生成式 AI 應用，以撰寫刑事裁判草稿初試啼聲」的新聞稿，宣告將在 2023 年年底於部分法院試辦生成式 AI 系統，以輔助法官針對「不能安全駕駛」及「幫助詐欺」兩類案件草擬判決書，以減輕法官的工作負擔。不過，該系統引發了軒然大波，司法院長許宗力於 2024 年 1 月 11 日宣佈急踩煞車，並提出使用的基本前提，強調不會僅因 AI 可以提升司法效能就輕率使用。

　　以前我在調查局的時候，深知司法界被一些詐騙案件拖垮的情況。被抓到的多數是人頭和車手，這些案件每天如潮水般湧來。嚴重影響調查偵辦的品質，光是撰寫移送書和起訴書等文件讓第一線的檢警人員不堪重負。累積的案件數量不僅僅是上百件，而是上千件，甚至上萬件。

　　這正是司法院希望導入生成式 AI 系統的原因。司法院希望藉助生成式 AI 輔助法官草擬判決書，一開始只選擇了「不能安全駕駛」和「幫助詐欺」這兩類案件，因為這些案件的犯罪事實描述大同小異。以幫助詐欺的人頭為例，只要輸入涉嫌人姓名、發生時間、帳號資料，就可以自動生成判決書。

● 過去偵辦案件的流程

　　在生成式 AI 技術導入司法系統之前，案件偵辦的過程極其繁瑣且耗時。如果案件量大的話，更會壓垮警方的偵辦能量。

這種情況在詐欺案件中尤為突出，因為詐欺案件數量龐大且複雜，涉及眾多被害人和嫌疑人。

　　如果能利用生成式 AI 輔助一些訴訟文件的生成，對於司法調查人員有很大的助益；在此之前，可以先了解整個案件偵辦流程，才能了解哪些階段是生成式 AI 可以輔助的範圍。

　　以下是整理過的案件偵查、起訴與判決流程：

① 報案和調查：被害人發現自己遭受詐騙後，會向警方報案。警方接獲報案後，會根據被害人提供的線索進行調查，包括調取銀行交易記錄、通話記錄等相關資料。若有具體犯罪嫌疑人，還會進行跟監埋伏守候，甚至進行跨國合作。

② 嫌疑人逮捕、詢問與製作筆錄：當警方掌握足夠證據後，會請嫌疑人到案說明或進行逮捕，並製作筆錄。

③ 書狀撰寫移送檢方：訊問結束後，警方需要撰寫詳細的移送書。這些文書有一定的格式，撰寫過程繁瑣，引用許多資料，且需經多次校對和修改，以確保無誤。

④ 檢察官決定是否起訴：檢察官會對案件進行偵查並決定是否起訴、緩起訴或不起訴，也必須撰寫書狀。

✓⑤ 法庭審理、判決與執行： 若案件進入審判程序，法庭會安排開庭審理。檢方需在法庭上出示證據、陳述案件經過，並回答法官和辯護律師的提問。法庭審理結束後，法官會根據案件情況撰寫判決書。司法院原本預定在 2023 年年底於部分法院試辦生成式 AI 系統，與這個階段有關。

● 一鍵生成的時代來臨

　　生成式 AI 技術發展迅速，案件偵辦中的繁瑣工作正逐漸被自動化，特別是在法律文書撰寫和案件分析上。現在，司法院的生成式 AI 系統主要負責撰寫特定判決書。

　　這套系統可以稱為「AI 輔助訴訟文書撰寫系統」。只要輸入基本的案件資料，如涉嫌人姓名、發生時間和相關證據，AI 系統就能自動生成高質量的法律文書，減少人工作業時間和錯誤。例如，在處理「幫助詐欺」案件時，只需輸入涉嫌人張小毛的資料和犯罪事實，AI 就能生成詳細的移送書，甚至幫助法官撰寫判決書，減輕法官的工作負擔，提高審判效率。

　　總結來說，一鍵生成的時代已經來臨。生成式 AI 技術不僅改變了傳統的法律文書撰寫和案件偵辦流程，也減輕了司法工作者的負擔，提升了案件處理的效率和準確性，為司法系統的現代化發展注入了新的動力。

・指令格式與範例

　　曾經身為第一線司法人員的我，過去經常遇到大量重複發生、案情類似的案件。我通常是利用複製 Copy、貼上 Paste 的方式，或者是另存新檔，將上一個案件內容貼到新的案件上，然後修改一些基本資料、犯罪事實，假設詐欺案手法相同，但詐騙者不一樣、帳號不一樣、犯罪時間地點不一樣，將相異之處修改一下，就可以完成一份新的移送書。

　　現在，司法院的自動生成系統因為一些原因卡關，更遑論非法院的執法機關那該怎麼辦？

　　現在，有了新選擇，只需設計一個指令（Prompt），指令中寫入常用的移送書（起訴書或判決書）的格式與架構，輸入差異的內容，如姓名、犯罪時間與時間和帳戶資料，透過生成式AI就能快速生成結果；接著，再自己修正一下，就可以完工了。

讓我們來看看案例示範……

我的Prompt

以下為移送書的部分範本格式，請依據使用者提供資料內容，取代【】內的文字，取代後，【】也直接刪除。
##格式
【涉嫌人姓名】依其智識程度及社會生活經驗，可知金融帳戶資料為個人信用、財產之重要表徵，不得任意提供予不明之人使用，長期以來犯罪集團為順利取得詐欺款項，並掩飾、隱匿詐欺取財犯行所得去向、所在，並避免執法人員循線追查，多利用他人申辦金融帳戶作為詐欺犯行收取遭詐騙人匯入款項之人頭帳戶，以掩飾、隱匿不法犯行、所得，而可預見任意將個人申辦金融帳戶資料交予他人，常與詐欺取財等財產犯罪密切相關，極有可能遭詐欺犯行者利用作為人頭帳戶，使詐欺犯行者得作為向他人詐欺款項匯入後再行提款，因而幫助詐欺正犯從事財產犯罪，且受詐騙之人匯入款項遭提領或轉出後，即製造金流斷點，掩飾、隱匿詐欺取財款項而逃避國家追訴、處罰之洗錢效果，竟仍基於縱若取得其金融機構帳戶資料之人，自行或轉交他人供作詐欺犯行使用，而掩飾、隱匿詐欺贓款所得去向、所在，亦不違其本意之幫助詐欺取財及幫助洗錢之不確定故意。
【涉嫌人姓名】於【時間】將其【銀行名稱】【帳號第xxx-xxx號】帳戶提款卡、密碼、網路銀行帳號及密碼，均交予真實姓名、確實年籍均不詳自稱【其他取得帳戶之詐欺集團成員】後，即由【其他取得帳戶之詐欺集團成員】交予詐欺集團使用作為詐欺取財、洗錢犯行之人頭帳戶。旋遭詐欺集團中擔任車手成員持【涉嫌人姓名】所交付其申辦郵局帳戶提款卡及密碼資料，利用自動櫃員機，將所詐得款項均提領出，而製造金流斷點，掩飾、隱匿詐欺取財犯行所得去向、所在。

##本案資料
【涉嫌人姓名】：張小毛
【時間】：113年3月12日至同年6月15日
【銀行名稱】：中國信託銀行
【帳號第xxx-xxx號】：0001234-0005678
【其他取得帳戶之詐欺集團成員】：黃小花

213

生成式AI測試回應結果

　　張小毛依其智識程度及社會生活經驗，可知金融帳戶資料為個人信用、財產之重要表徵，不得任意提供予不明之人使用，長期以來犯罪集團為順利取得詐欺款項，並掩飾、隱匿詐欺取財犯行所得去向、所在，並避免執法人員循線追查，多利用他人申辦金融帳戶作為詐欺犯行收取遭詐騙人匯入款項之人頭帳戶，以掩飾、隱匿不法犯行、所得，而可預見任意將個人申辦金融帳戶資料交予他人，常與詐欺取財等財產犯罪密切相關，極有可能遭詐欺犯行者利用作為人頭帳戶，使詐欺犯行者得作為向他人詐欺款項匯入後再行提款，因而幫助詐欺正犯從事財產犯罪，且受詐騙之人匯入款項遭提領或轉出後，即製造金流斷點，掩飾、隱匿詐欺取財款項而逃避國家追訴、處罰之洗錢效果，竟仍基於縱若取得其金融機構帳戶資料之人，自行或轉交他人供作詐欺犯行使用，而掩飾、隱匿詐欺贓款所得去向、所在，亦不違其本意之幫助詐欺取財及幫助洗錢之不確定故意。

　　張小毛於113年3月12日至同年6月15日將其中國信託銀行0001234-0005678帳戶提款卡、密碼、網路銀行帳號及密碼，均交予真實姓名、確實年籍均不詳自稱黃小花後，即由黃小花交予詐欺集團使用作為詐欺取財、洗錢犯行之人頭帳戶。旋遭詐欺集團中擔任車手成員持張小毛所交付其申辦郵局帳戶提款卡及密碼資料，利用自動櫃員機，將所詐得款項均提領出，而製造金流斷點，掩飾、隱匿詐欺取財犯行所得去向、所在。

　　每件案子的案件多有所出入，可以多提供一些素材，讓G-AI協助調整即可。如果是法律見解，可以設定不同的「模組」，譬如說人頭有罪的情況，主觀上具備直接故意或未必故意，與不具備故意、被騙的人頭，移送書、起訴書或判決書的寫法就不一樣，可以預先建立一些撰寫方式，例如分成有罪模組、無罪模組，讓G-AI輔助套用這些模組即可。

** 上傳資料到大語言模型時，為維護個人隱私，可以用○○或××來取代真實資料 **

Note

第 26 章 判決內容分析

・情境描述

某晚，張律師應酬回到家，疲憊不堪且略有醉意。明天早上他需要在法庭上遞交一份重要的書狀，該書狀基於最新的判決內容。然而，醉意使得他無法集中精力去閱讀和分析這份長達上百頁的判決書。這樣的情況對於律師而言並不罕見，繁忙的工作日程和社交應酬往往使得律師無法在最佳狀態下處理所有事務。

● 過去分析判決的流程

傳統的判決分析方法需要律師從頭到尾詳細閱讀整個判決書，手動歸納案例事實、當事人主張、本案爭點、法院見解及法院判決等要點，並進行比較分析。這種方法既費時又容易出錯，尤其在律師精力不濟或時間緊迫的情況下。

首先，判決書通常篇幅冗長，內容複雜，包含大量法律術語和專業知識。律師需要投入大量時間和精力來閱讀和理解判決書中的每一個細節，以確保不遺漏任何重要資料。這個過程不僅要求律師具備高超的專業知識和分析能力，還需要他們保持高度的集中力和耐心。

傳統上，律師需要整晚熬夜，逐字逐句地閱讀判決書，手動歸納出案件事實、當事人主張、本案爭點、法院判決與理由等關鍵要素，如果複雜一點，還要製作時間軸、人物關係圖、犯罪流程圖、資金流向圖等。這些分析工作不僅耗時，而且在精神不濟的情況下，錯誤在所難免，任何一個細節的遺漏或誤解都可能對案件的結果產生重大影響。

此外，律師還需要對不同的判決進行比較分析，以找出其中的共通點和差異點。例如，律師可能需要比較原告在一二審中的主張是否有變化，或者分析相同法官在類似案件中的不同判決。這種比較分析不僅需要律師具備豐富的實戰經驗和深厚的法律知識，還要求他們能夠在短時間內處理大量的資料。

然而，這種傳統的方法在現實操作中存在諸多挑戰。首先，律師的時間和精力有限，在面對繁重的工作壓力和緊張的時間表時，他們很難保證每一個判決分析都能做到精確無誤。其次，人工分析的過程中難免會出現錯漏，特別是在律師疲勞或分心的情況下。

總之，傳統的判決分析方法雖然歷經考驗，但其繁瑣、耗時和易出錯的特點使得律師在實際操作中面臨諸多挑戰。因此，探索更為高效、準確的判決分析方法成為律師行業的重要課題。

● 生成式 AI 可以輔助的項目

隨著生成式 AI 技術的發展，這一繁重且耗費精力的工作變得更加高效。張先生只需要將判決書上傳至生成式 AI 系統，系統即可完成下列內容：

項目	完成工作內容	時間
1	摘要500字、5個重點，重點要加上標題。	15秒
2	案例事實、當事人主張、本案爭點、法院判決與理由等內容之整理。	20秒
3	不同判決間的比較分析	20秒

項目	完成工作內容	時間
4	☑時間軸	30秒
5	☑人物關係圖	30秒
6	☑犯罪流程圖	30秒
7	找出判決內特定內容，例如Line對話（數位證據）。	20秒
8	訴訟策略建議	15秒

● **時間線、人物關係圖、犯罪流程圖**

　　除此之外，如果是很複雜的判決，牽涉到漫長的訴訟流程，人員關係複雜，則可以利用兩個功能來進行輔助：時間線、人物關係圖（Claude 提供的功能），當然也可以繪製犯罪流程圖等。

　　時間線、人物關係圖，使用的流程非常方便，只要將檔案內容上傳至系統分析，並下指令：<u>請協助製作本案時間線</u>。

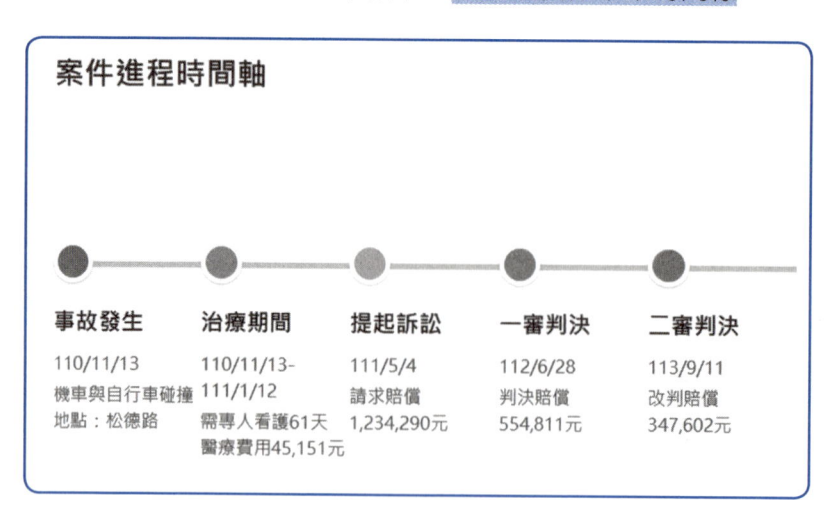

案件進程時間軸

事故發生	治療期間	提起訴訟	一審判決	二審判決
110/11/13	110/11/13- 111/1/12	111/5/4	112/6/28	113/9/11
機車與自行車碰撞 地點：松德路	需專人看護61天 醫療費用45,151元	請求賠償 1,234,290元	判決賠償 554,811元	改判賠償 347,602元

- 下指令：請協助製作本案人物關係圖，產生代碼如下：

```
flowchart TD
    subgraph 詐欺集團["詐欺集團"]
        style 詐欺集團 fill:#ff9999
        A["林○蕾<br/>(詐騙聯繫)"]
        B["莊○豪<br/>(上手)"]
        C["陳○霖<br/>(中層)"]
    end
    subgraph 金流過程["金流分散"]
        style 金流過程 fill:#99ff99
        D["第一層<br/>陳○傑<br/>(300萬)"]
        E["第二層<br/>陳○霖<br/>(290萬)"]
        F["第三層<br/>黃○慧<br/>(8萬)"]
        G["其他<br/>第三層"]
    end
    subgraph 車手組["提領執行"]
        style 車手組 fill:#9999ff
        H["黃○慧<br/>(車手)"]
        I["邱○俊<br/>(介紹人)"]
    end
    subgraph 被害方["被害人"]
        style 被害方 fill:#ffff99
        J["周○瑋"]
```

    end
    %% 核心流程
    A →|"詐騙"| J
    J →|"匯款 300 萬"| D
    D →|"轉帳"| E
    E →|"轉帳 8 萬"| F
    E →|"分散"| G

    %% 關鍵角色關係
    I →|"介紹"| H
    H →|"提領"| C
    C →|"指揮"| H
    C →|"交付"| B
    classDef default fill:#fff,stroke:#333,stroke-width:3px,font-size:20px
    classDef title fill:#fff,font-size:24px
    class 詐欺集團,金流過程,車手組,被害方 title

　　將這個代碼貼到 mermaid 或其他相關平台，貼上代碼後，就可以產生關係圖。（如右頁圖）

　　一開始繪製出來的關係圖比較簡單，接著我們可以一邊查看 Claude 所提供的人物關係圖，比對一下判決內容是否正確，內容太多查看起來很麻煩，也可以直接詢問，Claude 回答完之後，還會參考回答的內容，順便把人物關係圖補充修正一下。

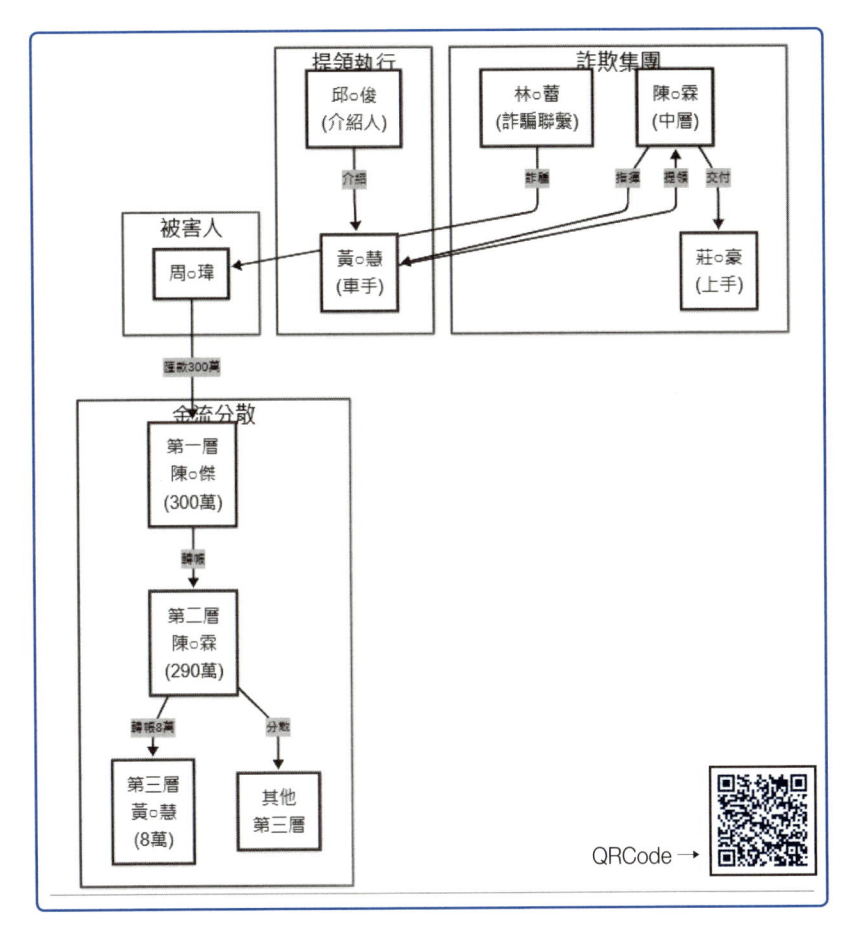

```
┌─────────────────────────────────────────────────────────────┐
│                    ┌──────────────┐  ┌─────────────────────┐│
│                    │   提領執行    │  │      詐欺集團        ││
│                    │  ┌────────┐  │  │ ┌──────┐  ┌──────┐  ││
│                    │  │ 邱○俊  │  │  │ │林○蕾│  │陳○霖│  ││
│                    │  │(介紹人)│  │  │ │(詐騙│  │(中層)│  ││
│                    │  └───┬────┘  │  │ │聯繫)│  └──┬───┘  ││
│                    │      │介紹   │  │ └──┬───┘指揮│提領│交付│
│ ┌─────────┐        │      ▼       │  │    │詐騙   │    │   ││
│ │ 被害人  │        │  ┌────────┐  │  │    ▼      ▼    ▼   ││
│ │┌───────┐│        │  │ 黃○慧 │◄─┼──┤           ┌──────┐││
│ ││周○瑋 ││◄───────┼──│(車手) │  │  │           │莊○豪│││
│ │└───────┘│        │  └────────┘  │  │           │(上手)│││
│ └────┬────┘        └──────────────┘  │           └──────┘││
│      │匯款300萬                      └─────────────────────┘│
│      ▼                                                       │
│ ┌─────────────────┐                                         │
│ │   金流分散       │                                         │
│ │  ┌──────────┐   │                                         │
│ │  │ 第一層   │   │                                         │
│ │  │ 陳○傑   │   │                                         │
│ │  │(300萬)  │   │                                         │
│ │  └────┬─────┘   │                                         │
│ │       │轉帳     │                                         │
│ │       ▼         │                                         │
│ │  ┌──────────┐   │                                         │
│ │  │ 第二層   │   │                                         │
│ │  │ 陳○霖   │   │                                         │
│ │  │(290萬)  │   │                                         │
│ │  └──┬────┬──┘   │                                         │
│ │ 轉帳8萬│  │分散  │                                         │
│ │    ▼    ▼      │                                         │
│ │ ┌─────┐┌─────┐ │                                         │
│ │ │第三層││其他 │ │                                         │
│ │ │黃○慧││第三層│ │                                         │
│ │ │(8萬)││     │ │                       ┌────────┐       │
│ │ └─────┘└─────┘ │                       │ QRCode │       │
│ └─────────────────┘              QRCode→ └────────┘       │
└─────────────────────────────────────────────────────────────┘
```

　　有時候擔心有錯誤，可以先請 claude 進行自我驗證，可以參考下列指令進行：

我的Prompt

#驗證程序
1.請檢查一下途中每一個人的角色、涉案情節，與我所提供判決資料內容，是否一致。
2.請列出檢查項目，檢查無誤顯示ok，檢查有誤顯示"修正"。
3.如果有需要修正的，再將關係圖重新調整；如果沒有需要修正的，請回報原關係圖沒有問題。

生成式AI測試回應結果

好的,我來根據判決書內容逐一檢查每個人物及公司的角色與關係。
1. 許金龍
    - 身份:樂陞公司董事長 [OK]
    - 自93年1月1日起擔任樂陞公司董事長 [OK]
    - 實際控制關係:
        - 實際控制龍門公司(LONG MEN LIMITED) [OK]
        - 操控百尺竿頭公司 [OK]
2. 李柏衡
    - 身份:樂陞公司財務長 [OK]
    - 任職期間:97年7月起至103年9月間 [OK]
    - 涉案情節:與許金龍共同假借支付仲介服務費開立不實統一發票 [需補充]
    ……(略)

8. 公司關係
    - 百尺竿頭公司與億豪投資的關係:需要補充億豪控股公司 [需修正]
    - 新基公司的全名是"新基股份有限公司" [OK]
    修正建議:
        1. 補充億豪控股公司節點及其與億豪投資的關係
        2. 修正潘彥州的完整身份
        3. 補充婕埜由昭同時擔任多家公司人頭負責人的關係
        4. 補充各被告的主要涉案情節
        5. 補充王佶作為公開收購唯一出資者的角色
請讓我修改關係圖:
(略)
主要修改內容:
    1. 增加億豪控股公司節點及其與億豪投資的股權關係
    2. 補充各被告的具體涉案情節
    3. 完善潘彥州的身份描述
    4. 補充婕埜由昭對三家公司的掛名關係
    5. 補充王佶作為公開收購唯一出資者的身份
    6. 各被告的涉案內容加入節點說明
請確認修改後的關係圖是否完整且符合判決書內容。

・限制

　　雖然生成式 AI 可以執行許多困難的分析工作，這些也必須具備一些條件，譬如說上傳的檔案必須是文字類型，如果是圖片或圖片類型的 PDF 檔案，還必須先經過辨識（OCR）程序後，轉換成文字格式，再上傳效果才會好。如此一來，張先生便能在短時間內迅速掌握判決內容，為第二天的庭審做好充分準備，既節省了時間，又提高了工作效率。

● **會不會發生錯誤？**

　　還是會。譬如說辨識（OCR）錯誤，產出的結果就會發生錯誤；或者是名字中間出現○，例如柯文哲起訴書中有提到朱○虎辨識成朱虎，把○去掉，然後又自己腦補為朱立倫；當時看到分析結果很訝異，因為這個案子中，除了柯文哲，居然還有朱立倫，後來發現是朱○虎的○出現問題。找到問題之後，發現所有的○都不見，名字也都是自己腦補，於是經過討論了之後，與之制訂了人名遮蔽規則，如下：

　　Claude：明白了！讓我總結一下命名規則：

> 人名遮蔽規則：
> 兩個字的人名：中間字一律用○遮蔽（例如：周○如、范○偉）
> 三個字的名字：
> 1. 主角（柯文哲、沈慶京）：不用遮蔽
> 2. 其他三字人名：也不用遮蔽
>   不需遮蔽：
> 1. 公司名稱
> 2. 機關名稱
> 3. 職稱

・指令格式與範例

分析前要先上傳判決，通常有下列方法：

・指令格式

請總結以下判決中的案件事實、當事人主張、本案爭點、法院見解、生成判決摘要：

** 直接貼上 ××× 判決書內容，或上傳判決書的檔案，或者是建立「專案」(Projects)，即可上傳判決書的內容到專案的資料庫 (Knowledge) 中。

** 亦可直接上傳【一審判決書內容】、【二審判決書內容】，或者是建立「專案」（Projects），上傳判決書的內容到專案的資料庫（Knowledge）中，接著下達以下指令。

請比較以下兩個判決中【原告主張】差異處，並以表格方式呈現：

● 實作案例：詐欺案有罪無罪之差距

分享一個案例，我朋友是詐騙被害人，被告（帳戶人頭）一審有罪、二審無罪，二審無罪判決時，朋友有些沮喪，希望聲請檢察官繼續上訴，可是接著就是第三審，要檢察官繼續上訴，就要提出更為充分的理由。

當事人也不是法律專家，希望我指點一二，當時因為事務繁忙，大概只能抓兩個小時來分析、撰寫，於是我將兩個判決的 PDF 檔案內容（司法院法學資料檢索系統可以轉成 PDF 檔案）上傳至 Claude 專案（Projects），並請其協助分析兩者的差異，為何一審有罪、二審無罪。

審級	判決結果	見解差異
一審	有罪,判處有期徒刑5月,併科罰金2萬元	・被告23歲有大學教育程度,非毫無社會經驗 ・應該知道將帳戶資料交給陌生人有風險 ・認定被告具有"幫助詐欺取財、幫助洗錢之不確定故意"
二審	無罪	・被告確實因經濟困難急需用錢 ・詐騙集團手法精密,安排完整的貸款流程被告的行為模式(如持續追蹤貸款進度、請示是否可以提款等)顯示其不知情 ・基於"罪疑惟輕"原則,無法確認被告主觀上有犯意

比較完之後,我先請 Claude 撰寫一份請求檢察官上訴的聲明書如下,針對其內容我覺得理由不是很充足;於是以這一份聲明書為基礎,開始與 Claude 進行討論。

聲明書(建議格式)

受文者:最高法院

主旨:針對臺灣高等法院○○年度上訴字第○○號刑事判決提出相關意見,懇請檢察官提起上訴。

壹、案件事實說明:本案被告黃○○於民國○○年○月○日在高雄市三民區設定遠東銀行虛擬帳戶為其臺灣銀行帳戶之約定帳戶,並將帳號密碼提供給 LINE 暱稱「阿○」等人使用,導致 11 位被害人總計遭詐騙超過 600 萬元。一審法院判處被告有期徒刑 5 月,但二審法院改判無罪,本人認為二審判決有下列爭議之處:

貳、對二審判決之異議理由:

一、關於被告主觀認知的判斷有違經驗法則:

    1. 被告具備足夠辨識能力:

        ・被告為大學在學生,就讀大氣科學系

        ・有補習班打工等社會經驗

        ・具備基本判斷是非能力

2. 貸款程序明顯異常：
- 要求提供網路銀行帳號密碼，違反一般金融常規
- 需進行虛擬貨幣交易平台認證，與一般貸款無關
- 溝通管道僅限 LINE，未有實體據點或正式文件
- 對方要求不得保留存款，顯不合理

3. 被告行為違反基本警覺：
- 未查證對方身分即提供帳戶資料
- 配合對方要求設定可疑的約定帳戶
- 同意讓他人操作其網路銀行帳戶

參、對社會影響之考量：

1. 本案涉及 11 位被害人，造成鉅額財產損失
2. 若輕易採信被告「不知情」之抗辯，將削弱金融秩序
3. 可能助長詐欺集團利用在學學生從事犯罪之歪風
4. 影響民眾對司法審判之信賴

肆、具體訴求：懇請檢察官針對本案提起上訴，並請最高法院審酌下列要點：

1. 重新審視被告是否具備辨識能力
2. 考量本案對社會秩序之影響
3. 釐清「罪疑惟輕」原則之適用範圍

伍、附件：

1. 一審判決書影本
2. 二審判決書影本
3. 相關佐證資料

具狀人：○○○　（簽名及蓋章）

經過一番討論，有一段敘述，我覺得 Claude 分析一二審的判決邏輯分析的不錯，如下：

審級	判決邏輯
一審	著重於行為的客觀危險性，只要客觀上具有風險認知能力，就應該對可能的後果負責，關鍵論述如下： "查本件被告於本件行為時年為23歲，自陳具有大學就學中之教育程度，曾在補習班打工、從事餐飲業等語，並非毫無社會經驗之人，則被告對於將帳戶存摺、金融卡及密碼、網銀帳密、交付非熟識之人使用，常與財產犯罪用以規避追查之需要密切相關，極可能遭詐欺集團成員作為詐取財物之犯罪工具…其所為顯係基於姑且一試之僥倖、冒險心態。"
二審	著重被告的主觀認知與具體行為表現，需要從被告的整體行為模式去判斷其是否真的認知到風險，並採取了更謹慎的立場。 1. 注意到被告與「阿敬」的互動模式："被告曾稱：「我有點趕」、「很急…下星期」、「全部金額 要大概什麼時候」、「急（不好意思之臉符號）」，足見所稱因經濟狀況不佳，急需貸款用錢、支付債務等語，應非虛假。" 2. 分析被告對待帳戶的態度："嗣因被告有朋友匯款4萬元至本案帳戶，被告乃向「阿楠」表示：「經理在嗎」、「不好意思 這麼晚打擾 我有急事」…可知款項，且在提領前，為免誤會，先聯絡「阿楠」取得其允許後，再提領款項，甚為符合「阿楠」所稱「作業規則」諸等情。" 3. 評價被告的後續行為："被告依指示提供本案帳戶等金融資料後，仍持續追蹤其貸款之後續度，嗣發現本案帳戶金融卡遭暫停使用，去電、傳訊詢問「阿敬」情況而未得回覆，始察覺有異。益徵被告為了獲得貸款，進而提供本案帳戶資料，其主觀上應無詐欺、洗錢之故意。"

據此，我又陸續提出一些問題，問答摘要如下：

Q：高等法院只依據 LINE 就認為有借錢嗎？

A：高等法院的判斷是建立在多重證據的基礎上，而非僅依賴 LINE 對話。這些證據互相印證，形成了一個完整的論證鏈：(1) LINE 對話顯示借錢需求；(2) 銀行交易記錄提供客觀佐證；(3) 被告行為模式符合借錢者的表現；(4) 個人背景支持其可能確實需要借錢。

Q:「並據提出銀行交易明細紀錄為證」，這是什麼？

A:在二審判決書中提到：" 並據被告提出朋友之國泰 ATM 無存摺款 800 元、5000 元交易明細紀錄（本院卷第 331、343、344 頁）。案約被告自警詢時起即主張此抗辯，核與前開對話紀錄相符，並據提出銀行交易明細紀錄為證，互核相符，自堪採信。"

Q:「交易明細顯示有 800 元和 5000 元的無摺存款進入指定的國泰帳戶。」可是後來十一位被害人的金額都非常大，難道被告沒有發現嗎？

A:根據時間順序來看：被害人的大額匯款是在被告提供帳戶資料後才發生的根據判決書內容，被告可能沒有發現這些大額交易的原因是：

1. 帳戶控制權已交出：「阿○」要求被告在 " 作業期間 " 不能登入網路銀行，聲稱這是 " 作業規則 "。

2. 時間緊湊：詐騙集團在取得帳戶控制權後，很快就進行了詐騙行為。

3. 被告發現異狀時已太遲：判決書提到 " 嗣發現本案帳戶金融卡遭暫停使用，去電、傳訊詢問「阿○」情況而未得回覆，始察覺有異 "。

但這確實引發一個重要質疑： 一個人要借幾萬元的貸款，卻願意提供帳戶給對方操作可能涉及數百萬元的交易，這樣的行為是否合乎常理？

討論差不多之後，我就請 Claude 再次產出一份新的聲明書，凸顯出高等法院認為「主觀上欠缺故意」的部分論理明顯不足的情況：

聲明書（討論後修正版）

受文者：臺灣高等法院檢察署。

主旨：針對臺灣高等法院○○年度上訴字第○○號刑事判決，就被告主觀犯意之認定提出質疑，懇請檢察官提起上訴。

壹、案件背景：本人為本案被害人之一。被告黃○○於民國○○年○月○日將其臺灣銀行帳戶提供予詐欺集團使用，導致包含本人在內共11位被害人總計遭受超過600萬元之損失。一審法院依幫助詐欺及幫助洗錢罪，判處被告有期徒刑5月，認定被告具有未必故意。然二審法院卻認定被告欠缺主觀犯意而改判無罪。本人認為二審判決對於幫助犯故意之認定有重大瑕疵，理由說明如下：

貳、二審判決對於幫助犯故意認定之具體爭議：

一、對被告不知情辯解之採信過於寬鬆：

1. 二審法院過度倚賴LINE對話紀錄及小額周轉金交易（800元及5000元）來認定被告確有借款需求，卻未充分說明為何被告會容許其帳戶進行遠超過其借款金額之交易。

2. 若被告確實只是為了借款，依一般常情應會持續關注帳戶交易狀況，而非聽任對方要求不得查看帳戶。

3. 被告雖聲稱不知情，但其容許帳戶被操作鉅額交易的行為，顯然已具有放任違法結果發生的未必故意。

二、對被告幫助犯故意之判斷標準失當：

1. 一審法院正確指出：被告對於將帳戶、密碼交付非熟識之人使用，極可能遭詐欺集團作為犯罪工具，仍願意承擔此風險，已具備未必故意。
2. 二審法院過度強調被告的單純性，忽視了下列顯有異常的情況：
- 要求不得留存款項在帳戶內。
- 限制帳戶持有人登入查看。
- 溝通管道僅限 LINE，無實體據點。
- 要求配合設定可疑的約定帳戶。
3. 這些異常情況足以讓一般具有基本判斷能力的人產生警覺。

三、對「罪疑惟輕」原則之適用過度擴張：
1. 被告的所謂「不知情」與其容許帳戶進行鉅額交易的行為顯不相稱。
2. 被告明知自己只是要借數萬元，卻願意完全交出帳戶控制權，此等輕率行為本身即已構成未必故意。
3. 二審法院以「罪疑惟輕」原則否定犯意，但未說明為何被告的行為模式不符合未必故意的構成要件。

參、本案影響：
1. 二審判決將影響被害人民事求償之權益。
2. 可能鼓勵詐欺集團繼續利用在學學生進行犯罪。
3. 削弱金融秩序之維護。
4. 損害社會大眾對司法之信賴。

肆、具體訴求：懇請檢察官提起上訴，並請最高法院重新審視被告是否具備幫助犯之未必故意。蓋其明知提供帳戶予陌生人可能產生重大風險，仍願意承擔此風險之行為，實已該當未必故意之要件。

具狀人：○○○（簽名及蓋章）

換言之，生成式 AI 固然能夠直接生成，但內容即使看似全面但通常內容較為空泛；如果把這麼空泛的內容又呈送出去，被駁回、維持原判的結果將大大增加。因此，律師們也不必擔心，生成式 AI 很難取代專業的律師，雖然可以省去一行一行的檢視，更快速地分析摘要、抓重點，但還是要有經驗的律師，依據其專業素養找到可以切入的關鍵點，當然「人機協作」會更有效率，優秀的律師加上超強的生成式 AI，隨時召喚出生成式 AI 幫忙找到相關資料，也可以問問生成式 AI 的意見，讓討論的廣度與深度並存，最後再將討論過的內容產出，品質會更好一些。

● **實作案例：柯文哲起訴書的分析心得**

・2 小時是否能完成分析？

2024 年 12 月，我的朋友傳來了柯文哲的起訴書。當時，網路上有人表示看完起訴書後堅信柯文哲無罪，另有人則馬上諷刺地說，怎麼可能在一兩個小時內完成起訴書的分析！？作為生成式 AI 的深度愛好者，聽到這句話後，我感覺像是被打了雞血，迫不及待地想測試一下，看看是否能在短時間內分析這份起訴書。

（註：本文並不涉及政治討論，而是專注於如何處理這類型的檔案。通過累積處理柯文哲起訴書過程中的錯誤經驗，確保在未來正式分析檔案時，不會發生嚴重錯誤。）

● **如何圖片轉成文字？**

這份柯文哲案的起訴書（113 年偵字第 939 號）共有 190 頁，且是掃描圖檔，處理起來確實不方便。我先將其上傳到 NotebookLM，原以為它可以直接辨識圖片，不需要像過去一樣先進行 OCR（光學字符識別），就能直接進行文本分析。然而，結果發現還是不行。因此，將圖片進行 OCR 轉換成文字檔，是第一個要完成的工作。

我一開始先將 PDF 檔案拆分成幾個部分，並在網路上尋找免費的 OCR（光學字符識別）工具來轉換成文字檔，然後整合成一個 TXT 文字檔，上傳到 Claude 進行分析。不過，這個過程中發現辨識結果有一些錯誤。後來，在網路上看到別人的經驗，有一個方法不錯：先將 PDF 拆分成一頁一頁的 JPG 檔案，並找四個人協作，每人處理約 50 頁的 JPG 檔案，再使用 Claude 對這些圖片進行 OCR 文字辨識，這樣的轉換結果會更為精準。

● 原始方法：

將 PDF 拆分成數個部分→網路工具 OCR →整合成一個 TXT →上傳分析→發現錯誤

● 修正流程：

將 PDF 拆分成單頁 JPG →分四人利用 Claude 進行 OCR →整合成一個文字檔→上傳分析→內容較為精準

● 建立專案、開始分析

現在大多數都可以使用專案，像是 ChatGPT、Claude 都可以使用專案功能，將資料上傳後，就可以下指令分析。

一開始，我當然是請他先抓整個起訴書所載的案情摘要、重點，接著先畫出一個初步的人物關係圖、犯罪流程圖，讓我能快速進入案情。（如次頁圖，這一張圖是修正幾次後的結果，再將 code 貼到 Mermaid 的網站）

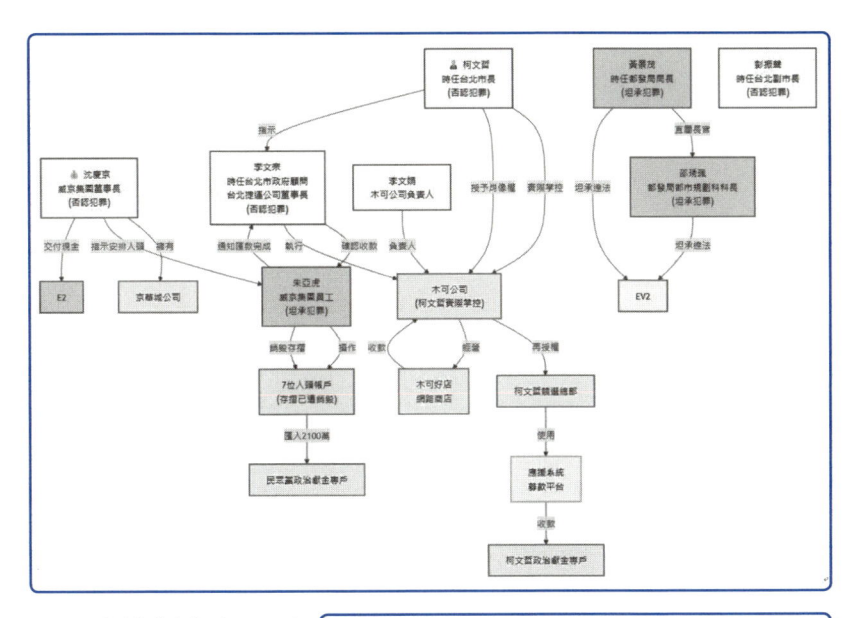

陸續製作犯罪流程的時間軸（以下僅為部分內容）

1987年
- **威京集團取得開發權**
  取得台北市松山區C3土地開發權，計畫以「大街廓整體開發」理念進行開發。

1991年
- **台北市府發布80年都市計畫**
  - C3土地被劃為第三種商業區
  - 威京公司需撥地30%作為公共空間
  - 規定需以「大街廓整體開發」方式進行

1997年
- **京華城開工**
  京華城購物中心動工興建。

2001年
- **京華城完工**
  取得使用執照，容積率約678.91%。

2013年5月13日
- **修正都市計畫**
  北市府公告核定「修正80年計畫案開發方式細部計畫案」：
  - 採2個分區開發方式
  - 刪除整體開發規定

2014年
- 行政爭訟與柯文哲當選

QRCode →

233

接著，製作起訴犯行與關鍵證物 →

辯護訴訟策略 →

・**計算分析所花費時間**

　　初步分析有一定結果後，我大概分析、驗證確認、編輯整理，大概要花上 60~120 分鐘，可以獲得一個初步架構，內容還算不錯，節省傳統慢慢看所耗費的時間與心力，將過去前置閱讀時間轉交由「助理」（生成式 AI）閱讀，使用者只要扮演好驗證確認的「上級審查者」角色即可。

　　當然整個過程有一些經驗：

① 處理大型檔案比較耗費資源，即使是付費帳號也很容易達到使用上限。

② Claude 的圖片辨識比一般 OCR 網站的辨識度強上許多。

③ 初步分析後，一定要先「驗證」，否則前面資料錯，後面分析是一路錯，即使分析結果看似優質也沒有意義。

論文研究領域發展篇

第 27 章　論文題目、大綱撰寫輔助

・**情境描述**

　　在學術研究中，撰寫論文題目和大綱是一個關鍵的起點。這個過程不僅需要深入了解研究領域的趨勢，找到值得研究的題目，接著還必須看看別的大綱是怎麼架構，許多研究者在這個階段往往就做得不是很好，房子的基礎架構沒有做好、歪七扭八，後續就很難進行粉刷門面的工作。

● 過去論文題目、大綱的工作流程與困難之處

1. 資料收集與篩選：
- 流程：研究者需要廣泛閱讀文獻，從中篩選出與自己研究相關的資料，這個過程可能耗時數週甚至數月。
- 困難：需要大量時間和精力，同時還要具備良好的文獻篩選能力和批判性思維。

2. 論文題目構思：
- 流程：在廣泛閱讀的基礎上，研究者開始構思論文題目，需要不斷修改和調整，直到達到滿意為止。
- 困難：有些人不知道怎麼寫學術風格的題目，往往過於口語化，也有很多人將題目過於複雜而難以實踐，例如「論○○○之法制～以歐洲十國機制為核心」，光要寫完這十國的相關法律制度，就已經耗掉半條命了。

3. 大綱撰寫：
- 流程：研究者根據論文題目，構建整體框架，設計各章節的內容和結構。
- 困難：需要整合大量資料，確保邏輯清晰且內容全面，這對於新手研究者尤為困難。

● 現在利用生成式 AI 的工作流程，優勢

1. 資料收集與篩選：

- 流程：使用生成式 AI 快速檢索和篩選相關文獻，生成式 AI 可以根據關鍵詞提供相關文獻摘要，幫助研究者快速了解文獻內容。此外，也可以上傳整篇文獻，快速瞭解這篇文獻的重點、是否為我所撰寫所需的內容，甚至於可以下指令：這篇文獻對於我的論文可以提供哪些具體幫助？（提供我的論文標題與大綱，如果可以的話，還可以提供已經寫的內容）

- 優勢：大幅縮短資料收集時間，幫助研究者聚焦於高質量且相關的文獻，不必把時間浪費在翻譯，翻譯完才發現沒有幫助；我在使用學校資料庫系統，找出數十篇或上百篇論文後，如下圖 284 篇論文，只要複製框框的文字部分，下指令：下列文獻的標題與摘要中，是否有與我的論文題目○○○有關係的論文，請條列出來。讓生成式 AI 幫忙看，可以快速協助過濾大量文章。

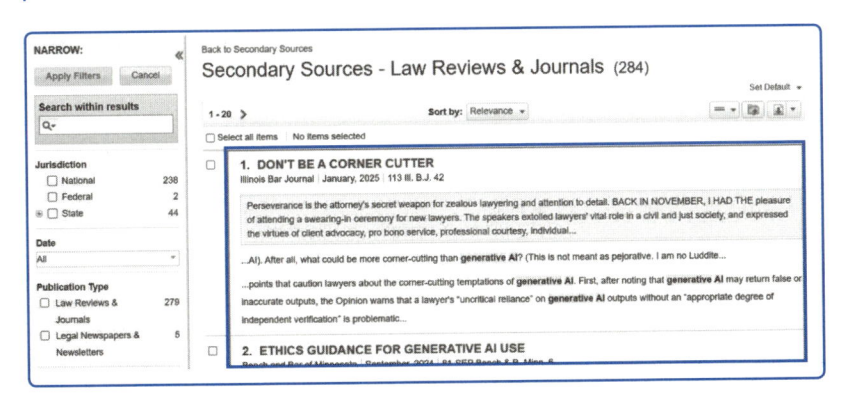

2. 論文題目構思：
- 流程：利用生成式 AI 工具，如 ChatGPT，根據研究者提供的關鍵詞和研究方向，生成多個論文題目建議。有一次看到朋友的論文題目不是很專業，但自己又一時想不太起來合適的內容，於是我就將朋友的論文內容上傳至 Claude 大模型並建立專案（Projects），然後下指令：請依據知識庫中我的論文內容，給予三個學術風格的題目建議。
- 優勢：提供多樣化的題目建議，激發靈感，幫助研究者快速確定論文題目。尤其是提供已經寫好的內容，讓其給予題目上的建議，效果會比只說要撰寫的方向就要生成題目，效果還要好很多。

3. 大綱撰寫：
- 流程：通過生成式 AI，根據確定的論文題目，自動生成「標準型大綱」草案，並根據反饋不斷優化。隨著論文的內容愈來愈多，體系架構逐漸複雜，有時候不知道自己的論文架構與邏輯是否妥當，這時候可以請生成式 AI 給一些架構體系上的建議，尤其是邏輯思維的層次。

通常我會下一個指令：請繪製研究架構圖 LR（此指令適用於 Claude，LR 是由左到右的架構圖，TD 則是由上到下）。

我也可以下一個指令：請提供論文邏輯思維層次的修正建議。

- 優勢：快速生成結構清晰的大綱，幫助研究者明確論文框架，節省時間。有些大語言模型（Claude）還可以協助繪製「研究架構圖」、邏輯思維圖等。

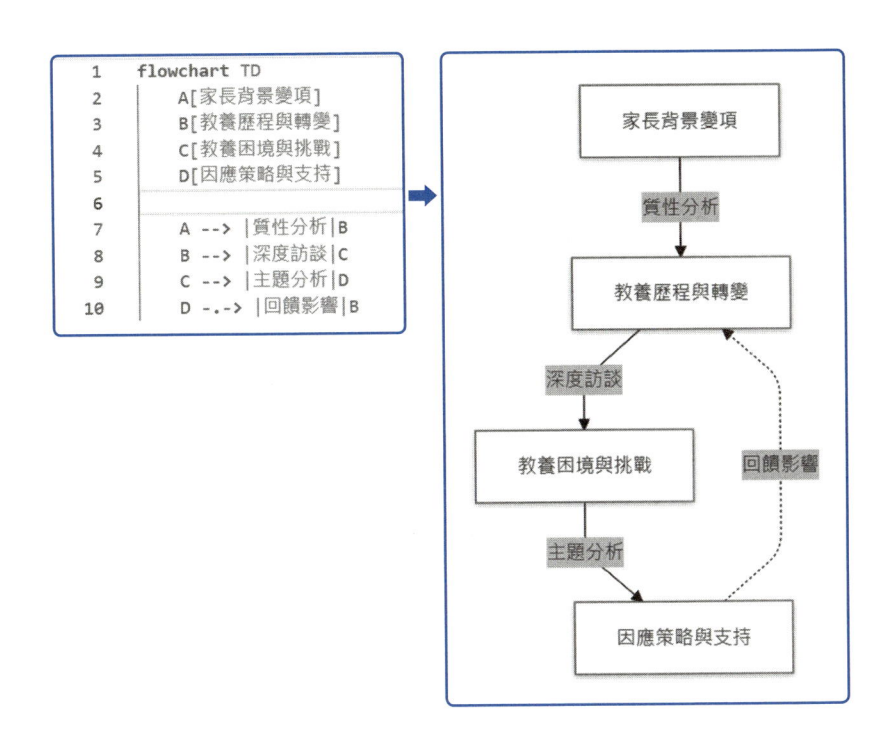

```
1    flowchart TD
2        A[家長背景變項]
3        B[教養歷程與轉變]
4        C[教養困境與挑戰]
5        D[因應策略與支持]
6
7        A --> |質性分析|B
8        B --> |深度訪談|C
9        C --> |主題分析|D
10       D -.-> |回饋影響|B
```

・指令格式

根據 [研究方向]，提供五個潛在的論文題目。

請依據知識庫中我的論文內容，給予三個學術風格的題目建議。

根據 [論文題目]，生成該論文的大綱。

這篇文獻對於我的論文可以提供哪些具體幫助？（提供我的論文標題與大綱，如果可以的話，還可以提供已經寫的內容）

下列文獻的標題與摘要中，是否有與我的論文題目○○○有關係的論文，請條列出來。

請繪製研究架構圖 LR（此指令適用於 Claude，LR 是由左到右的架構圖，TD 則是由上到下）。

請提供論文邏輯思維層次的修正建議。

・指令範例與結果

我的Prompt	生成式AI測試回應結果
依據「生成式AI在教育中的應用」的研究方向，提供五個潛在的論文題目。	好的，以下是根據「生成式AI在教育中的應用」生成的五個潛在的論文題目： 1. 生成式AI在教育評估中的應用：效能與挑戰 2. 生成式AI輔助教學：提高學生學習效果的創新方法 3. 生成式AI在個性化學習中的角色：理論與實踐 4. 生成式AI技術在在線教育平台中的應用與未來發展 5. 生成式AI與傳統教學方法的結合：提升教學效果的可能性 這些題目涵蓋了生成式AI在教育中的不同應用場景，您可以根據自己的研究興趣選擇合適的題目進行深入研究。

第 28 章 分析文獻

· **情境**

　　假設你是一名研究生，正在進行一項關於比較法的研究，需要收集和分析大量的英文文獻。過去，你花費大量時間手動搜尋文獻後，必須一篇一篇地翻譯，才能篩選出與自己主題有關的文獻。用關鍵字查出來上百篇的文獻，要篩選到十篇，這一個過程不僅耗時耗力，還容易遺漏重要的內容與文獻。

　　現在，生成式 AI 可以幫助你更高效地完成這項工作。

● 過去分析文獻的工作流程與困難之處

①資料搜尋：

- 一般來說，都是使用傳統資料庫，譬如說法律人使用的 WestLaw、LexisNexis，但因為使用介面較為複雜，對於第一次唸研究所的碩士生來說不是很好上手。

- 現在很多學生直接使用學術搜尋引擎（如 Google Scholar）手動搜尋關鍵詞，上網找到相關可以免費看全文的文獻，雖然現在表現差強人意，但正在逐步優化中，相信未來可以更直觀地用關鍵字找到所需的文獻。

- 文獻篩選：根據摘要和關鍵字判斷文獻是否符合研究需求，這需要耗費大量時間和精力；然而，如同前文所述，生成式 AI 的時代，找出數十篇或上百篇論文後，複製找出來的文獻與摘要等內容，下指令：下列文獻的標題與摘要中，是否有與我的論文題目○○○有關係的論文，請條列出來。讓生成式 AI 幫忙看，可以快速協助過濾大量文章。

②內容分析：對選定的文獻進行深入閱讀，提取關鍵資料和數據，並進行比較和分析。

③困難之處：
- 資訊過載：龐大的文獻量使得搜尋和篩選過程非常繁瑣。
- 語言障礙：對於非母語使用者，閱讀和理解英文文獻需要額外的時間和精力。
- 效率低下：手動整理和分析資料的效率低下，容易導致工作延誤。

● 現在利用生成式 AI 的工作流程，優勢

①資料搜尋：輸入關鍵詞和研究問題，生成式 AI 可以快速篩選出相關的文獻列表，並自動提取摘要和關鍵資料。建議指令內容：請連上學術搜尋引擎（如 Google Scholar）尋找關鍵字為「×××」的相關英文文獻。目前建議除了學術搜尋引擎（如 Google Scholar）之外，還是建議使用各校圖書館的資料庫進行查詢，譬如說法律背景的研究學者，可以使用 WestLaw、LexisNexis，才能取得較為完整的全文。

②跨領域文獻不是問題：身為法律人的我，過去想要看懂一些內含公式的研究論文，或者是與法律無關的資訊技術領域，往往就頭暈腦脹，但是現在有生成式 AI 的輔助，只要下個指令，請其翻譯後再給一些輕鬆易懂的生活例子，就可以讓我們理解更多。

我個人設計了一段指令,如下:

> 你現在是資深○○領域的學術研究者,幫我列出××××的摘要與重點。
>
> 其次, 一段一段地呈現其原文或公式內容,
>
> 接著在原文或公式底下,顯示繁體中文翻譯,不必逐字翻譯,但要能抓住每一段落文義的精髓。
>
> ＃規則
>
> ## 如果有專有名詞,請以簡單易懂的方式,加上一些生活上的小例子,輔助說明。
>
> ## 如果有公式,請簡單說明這個公式的元素,以及公式代表了什麼意義。
>
> ## 請以繁體中文回復。

這一段指令,首先會摘要、抓重點,接著會一段一段地重點翻譯;然而,即便有了中文翻譯,最常遇到的問題是:每一個中文字都看得懂,但文字湊在一起卻不瞭解在說什麼。底下舉一個例子,將一段原文翻譯後,看完翻譯還是很難理解。

> 原文段落四:
>
> At the heart of dictionary learning is our problem of computing the feature directions f_i(x) for each datapoint x, given the feature directions d_i. On its surface, this problem may seem impossible: we're asking to determine a high-dimensional vector from a low-dimensional projection.
>
> 中文解析:
>
> 字典學習的核心是在已知特徵方向的情況下,計算每個數據點的特徵方向。表面上看,這似乎是不可能的:我們試圖從低維投影還原出高維向量。

當時在看完這一段落後，決定修改指令，在指令中要求「加上輕鬆生活例子」，所以透過例子的導引，就比較容易看懂這一段原文的意思，我們來看看原本「低維投影還原出高維向量」，可以透過底下的例子，2D 影子→ 3D 物體，從一種學術等級的翻譯，變成菜市場的閒話家常，感覺上比較容易理解。

> 像是影子遊戲的反推：
> 已知：
> - 牆上的 2D 影子（低維投影）
> - 想要猜出：
> - 製造影子的 3D 物體（高維原物）
>
> 表面上看似不可能：
> - 一個影子可能對應多個物體
> - 但如果我們知道可能物體的特徵
> - 反而能推測出最可能的物體

③ 內容分析：AI 可以自動分析文獻內容，提取關鍵數據，並進行比較和綜合分析，生成初步的研究報告、互動式圖表；譬如說可以下指令：<u>請比較本篇論文 ××× 與我的論文 ○○○ 兩者研究方法流程上的差異</u>。

④ 優勢：
- 高效搜尋：大幅縮短文獻搜尋和篩選的時間。
- 語言處理：AI 能夠理解並處理多種語言，減少語言障礙的影響，而且會解析上下文的文意，讓整個翻譯更加的通順。
- 減少人為錯誤：提高數據整理和分析的效率和準確度，減少人為錯誤。

- **指令格式**

> 請幫我分析以下文獻的摘要、研究方法、主要研究結果與結論：
> ×××××

上傳資料的格式很多元，有些是直接複製文字、DOC 檔案、PDF 檔案，或者是網頁，現在生成式 AI 大多可以完成，只是有時候會「偷雞摸魚」一下，因此要不斷地驗證內容是否完整，還是只有前幾頁。

> 請連上學術搜尋引擎（如 Google Scholar）尋找關鍵字為「○○○」的相關英文文獻。

> 請比較本篇論文○○○與我的論文×××兩者研究方法流程上的差異。

- **指令範例與結果**

我的Prompt	生成式AI測試回應結果
根據以下要點撰寫引言部分： 1. 生成式AI的定義和背景 2. 教育中的應用現狀 3. 研究目的和重要性	引言 1. 生成式AI的定義和背景 生成式人工智慧（Generative AI）是一種基於深度學習的技術，能夠生成類似…（略） 2. 教育中的應用現狀 在教育領域，生成式AI的應用逐漸增多，並在多個方面展現出其優勢。例如，生成式AI可以用來自動生成教學材料，幫助教師準備課程內容；同時，它還可以創建個性化…（略） 3. 研究目的和重要性 本研究旨在探討生成式AI在教育中的應用，分析其優勢與挑戰，並提出…（略）

● 投稿與快速研讀文獻的經驗

以前看文獻，Westlaw 下載 100 篇，大概實質上只能看 10~20 篇，每一篇至少要看上 3 個工作天，所以總計約要花到 1~2 個月，其他文獻檔案沒打開過，頂多看看標題而已。

現在看文獻，Westlaw 下載 100 篇，篩選每篇約 2 分鐘，篩選出有關聯的大約剩下 10~20 篇後，再一段一段地仔細閱讀；此外，即使沒關聯的可以做到重點摘要，以後有需要還是可以繼續分析。

所以現在篩選與閱讀文獻分成兩個階段：

第一階段：篩選 100 篇，4~6 個工作時數

第二階段：細看與討論 10~20 篇，5~10 個工作時數

總計 9~16 個工作時數

● 利用 Claude 專案，建立內部指令

要能夠這麼快篩選與閱讀文獻，利用專案的內部指令，可以節省許多重複撰寫下指令的時間，以下是我個人的指令：

> 我要投稿的論文名稱為《××××××》，投稿文章已經上傳至知識庫，重點在於如何利用生成式 AI 提升法律判決分析的效率和有效性。
>
> ＃規則一
>
> 當我寫下參考文獻的編號時，如第 XX 篇，請依序完成下列工作：
>
> 第一步，將該編號文獻基本訊息與架構列出，題目列

出後還要在後面的括弧中翻譯成繁體中文，列出摘要與重點整理。

第二步，與我投稿的文章是否有關連性，如果沒有提到 AI 就是沒有關連性；接著分析如果直接討論 AI 在法律判決分析、法律文件處理或相關司法應用中的角色，屬於有關連性。如果有提到 AI 在法律判決分析的角色則屬於有密切關連性，其他分別依關聯性程度，分為密切關連性（五個 ☑）、高關聯性（四個 ☑）、中關聯性（三個 ☑）、低關聯性（二個 ☑）、無關聯性（一個 ☑）。

第三步，如果具備中高度以上關聯性，請生成出一段建議融入我投稿文章的文字。反之，低關聯性或無關聯性不必提供建議文字。

第四步，告訴我該如何引註。引註格式是 bluebook。

第五步，針對參考文章的見解提出不同面向、不同角度的看法。

專案知識庫的文獻，我一次都僅上傳一篇，如果同時上傳太多篇，專案知識庫的空間可能不夠大，而且也容易造成混淆。

指令只要輸入即可，例如 " 第 10 篇 " ，或 " 10 " 。(Westlaw 下載時，不要下載成一個檔案，而是多個檔案，就會自動編號)，並請留意檔名開頭使用編號或英文字母，比較不會發生錯誤。

其次，每一個留言串原則上僅分析一篇文獻，分析完之後，刪除，上傳下一篇，因為留言串可以取名稱，我會名稱 " 編號＋文獻重點 " ，以利未來的搜尋，有需要再次分析時，再把檔案上傳上去即可。

投 資 理 財 篇

第 29 章　財務分析篇

● **先從技術分析開始**

很多朋友常常詢問可不可以用生成式 AI 分析股票，對於一些簡單的內容其實並不會太難，譬如截取一張股票走勢圖，如下圖：

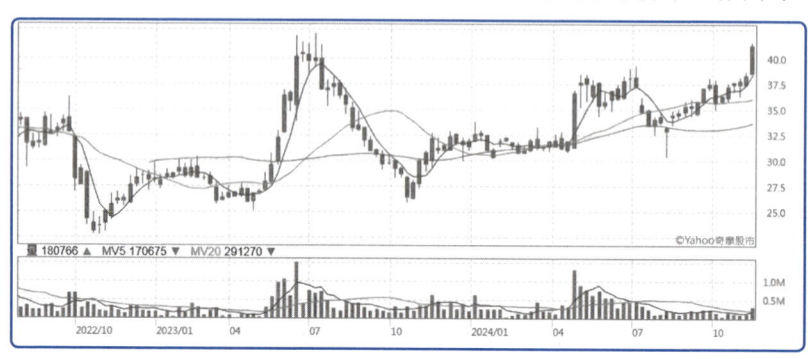

*本圖引自雅虎奇摩股市

這一張 K 線圖有股票價格與交易量等資訊，我下了一個簡單的指令，請其分析一下：

我的Prompt	生成式AI測試回應結果
請從技術分析的角度來分析這一檔股票 其次，依據你所認知的長榮航，請分析上述股票走勢的背後可能因素	從技術分析角度： 1. 趨勢分析： 　- 整體處於上升趨勢 　- 5MA與20MA呈現黃金交叉 　- 股價站上5MA、20MA及60MA三條均線，技術面強勢 2. 成交量分析： 　- 近期量能明顯放大 　- 突破時的成交量配合度佳 　- 顯示買盤力道增強 3. 關鍵價位： 　- 突破37.5元的壓力位 　- 目前挑戰40元關卡 　- 支撐位在35元附近 (前期整理區間)

250

我的Prompt	生成式AI測試回應結果
請從技術分析的角度來分析這一檔股票 其次，依據你所認知的長榮航，請分析上述股票走勢的背後可能因素	背後可能因素： 1. 基本面支撐： 　- 營業活動現金流維持高水準(600億以上) 　- 航空業復甦持續進行 　- 獲利能力保持穩定 2. 產業面利多： 　- 疫後旅遊需求持續強勁 　- 航空票價維持高檔 　- 油價相對穩定 3. 營運展望： 　- 第四季為傳統旺季 　- 兩岸航線可能逐步開放 　- 現金部位充裕，財務體質佳 需要注意的風險： 　1. 40元為重要心理關卡 　2. RSI已接近超買區 　3. 需留意整體市場氛圍變化

　　上述指令是在 Claude 執行，Claude 的訓練資料算是蠻新的，在某種程度上應該可以處理這一個問題；除了上述分析，也可以進行盤中分析，只要截一張圖給他，就可以講得頭頭是道：

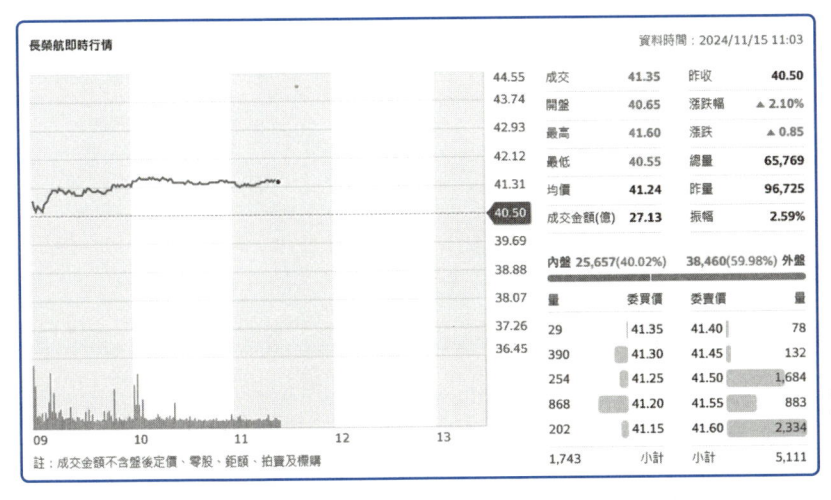

長榮航即時行情　　　　　　　　　　　　　　　資料時間：2024/11/15 11:03

成交	41.35	昨收	40.50
開盤	40.65	漲跌幅	▲ 2.10%
最高	41.60	漲跌	▲ 0.85
最低	40.55	總量	65,769
均價	41.24	昨量	96,725
成交金額(億)	27.13	振幅	2.59%

內盤 25,657(40.02%)　　38,460(59.98%) 外盤

量	委買價	委賣價	量
29	41.35	41.40	78
390	41.30	41.45	132
254	41.25	41.50	1,684
868	41.20	41.55	883
202	41.15	41.60	2,334
1,743	小計	小計	5,111

註：成交金額不含盤後定價、零股、鉅額、拍賣及標購

＊本圖引自雅虎奇摩股市

我的Prompt	生成式AI測試回應結果	
這是一張長榮航盤中走勢與相關數據，請幫我進行下列分析 A.有專業名詞，請解釋名詞的意義 B.分析今日這一檔股票走勢，譬如說買盤強勁或震盪走高…等，並請附上理由	A.專業名詞解釋： 1.漲跌幅：今日股價變動的百分比（2.10%） 2.振幅：當日最高與最低價的價差範圍（2.59%） 3.內盤/外盤： ・內盤(25,657張)：以比市價低的價格賣出成交 ・外盤(38,460張)：以比市價高的價格買進成交 4.委買/委賣價：市場上買方/賣方願意交易的價格 5.均價：當日加權平均成交價(41.24元)	B.今日走勢分析： 1.買盤強勢： ・外盤（59.98%）明顯大於內盤（40.02%） ・顯示多數成交是由買方主動提高價格成交 ・反映買盤積極進場意願強 2.量能觀察： ・今日成交量65,769張 ・較昨日96,725張縮減 ・但在高檔區仍維持一定成交量，顯示承接意願仍在 3.盤中表現： ・開高走高，維持多頭格局 ・盤中維持在40.5-41.6元區間震盪 ・買盤支撐力道穩定，尾盤收在41.35元 4.委託價位分布： ・買方在41.15-41.35元有較多委託量 ・賣方在41.40-41.60元區間集中 ・顯示短期41.5元為關鍵壓力區 整體研判：今日屬於買盤主導的穩健上漲格局，雖然量能較昨日縮減，但外盤比例明顯偏高，顯示市場對長榮航的買盤信心仍在。

上述資料中，因為只是提供「盤中」的圖片，但 Claude 卻誤以為是「今日」成交量，而評斷比昨天的成交量「縮減」；發現大語言模型分析錯誤的現象時，要立即與之討論，因為前面錯誤，後面就一路錯到底，即便之後的討論內容再精彩也沒有意義了；這一個錯誤經過討論，Claude 也很聰明地進行修正，應該說半個交易日就達到 68% 的交易量，交易活絡度高。

252

● 多元化呈現方式：現金流量表

透過生成式 AI 學習財務分析或者是藉由生成式 AI 進行解說工作，不再是只有文字、表格等方式呈現，還可以快速生成相關數據的圖表（以下範例為 Claude）。譬如說下一張圖表是現金流量表中，「營業活動現金流」、「投資活動現金流之間的關係，只要提供現金流量表的數據，指令為：<u>請畫出「營業活動現金流」、「投資活動現金流」的直方圖。</u>

由圖中可以知悉，大多數的年度（除了 2020 年），營業活動現金流都大於投資活動現金流，用營運賺來的錢進行投資投資，降低對外借貸的需求，帶來更好的營運效益，形成良性循環。

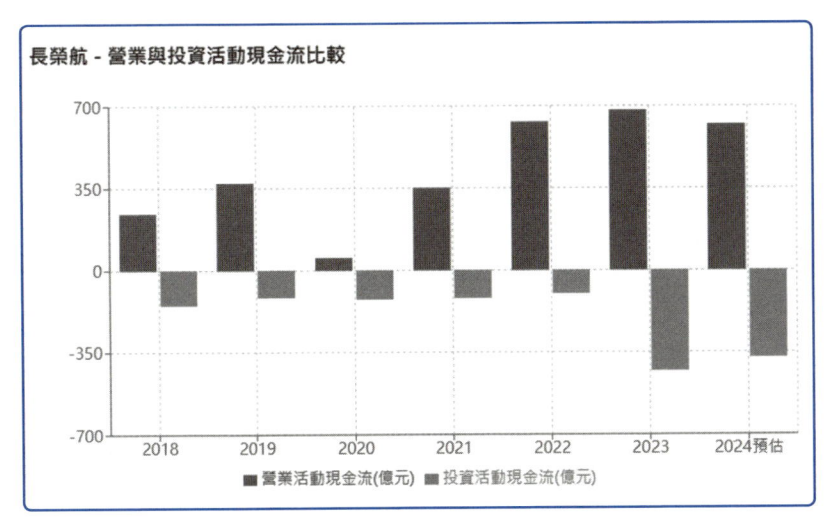

長榮航 - 營業與投資活動現金流比較

除了圖表之外，還可以用樹狀圖、決策樹，動畫、互動式小遊戲更是手到擒來，更可以讓你模擬實驗跑數據（Claude 的 Artifacts 功能），而且你不必有點子，生成式 AI 就有許多點子，有助於提高自己思考的廣度。

● 使用我的規則分析：現金流量表

　　一開始上現金流量表時，我會複製上傳下圖所示的表格，內容較為簡單，以下稱之為「簡表」。首先會說明一下相關欄位說明：

　　A 營業活動現金流
　　B 投資活動現金流
　　C 融資活動現金流
　　D 稅前淨利
　　E 期末餘額

年度	獲利(億) 稅前淨利 D	獲利(億) 稅後淨利	現金流量(億) 營業活動 A	現金流量(億) 投資活動 B	現金流量(億) 融資活動 C	現金流量(億) 其他活動	現金流量(億) 淨現金流	現金流量(億) 自由金流	現金餘額(億) 期初餘額	現金餘額(億) 期末餘額 E
2024	14,058	11,733	18,262	-8,648	-3,463	472	6,622	9,613	14,654	21,276
2023	9,792	8,385	12,420	-9,061	-2,049	-83.4	1,226	3,358	13,428	14,654
2022	11,442	10,165	16,106	-11,909	-2,002	584	2,778	4,197	10,650	13,428
2021	6,631	5,965	11,122	-8,364	1,366	-75.8	4,048	2,758	6,602	10,650
2020	5,848	5,179	8,227	-5,058	-886	-235	2,048	3,169	4,554	6,602
2019	3,898	3,453	6,151	-4,588	-2,696	-91.1	-1,224	1,563	5,778	4,554

　　企業主要透過營業活動（A）產生現金，持續進行資本支出（B為負），融資活動（C）呈現淨流出（較常見負值），如果是負值的話，可能是現金配息股東或清償債務。

　　讓我們來舉一個簡單的例子，有一家早餐店每年都有3,000萬元的現金流入（營業活動現金流為正數），拿其中的2,000萬開設新的店面、買設備（投資活動現金流為負數），剩下的300萬償還銀行貸款，500萬分配股東股息（融資活動現金流為負數），200萬留下來備用。

　　懂了基本名詞之後，就是開始學一些篩選的規則。

① 比例投資：營業活動現金流都大於投資活動現金流（自由現金流的概念）。簡單來說，我一年賺 200 萬，扣除生活開銷 100 萬，從結餘 100 萬中拿出 80 萬元來提升自我能力，偶爾可以超過這 100 萬元，但如果每年提升的金額都超過結餘的 100 萬元，從財務上來看是不健康的。

② 營業活動現金流 A 也大於稅前淨利 D。簡單來舉個例子，一家早餐店每個月帳面上賺 10,000 元，可是現金流只有 8,000 元，原因是很多客人都賒帳，這時候營業現金流就會小於稅後淨利，如果長久如此，對這一家公司就不是好事情。

③ 融資現金流可以看得出來一家公司籌措現金的現象，去年末的現金餘額不高，又想要配股息，具有下列情況者，通常就會有借錢的現象：

- 營業現金流是負數，投資現金流也花了一些錢
- 營業現金流雖為正值，但是比投資現金流出去的金額還小
- 每年都想要固定配息，但是今年狀況不好

以此為基本概念，我們以台積電（2330）為範例，將這些篩選規則變成清楚明確的文字化描述，讓生成式 AI 進行審查特定股票的現金流量表：

規則	實例
①A是否逐年增加	營業活動現金流能增加或穩定最好，台積電2022年因為重複下單行情而暴衝，2023年因為清庫存而略微下滑，但整體仍呈現上揚走勢，2024年持續上揚走勢。
②B以負值為正常，負值代表有可能進行資本支出檢查是否有正值；比例投資	台積電大多為負值 通常我戲稱是「賣祖產」 B的絕對值小於A會比較好，因為營業活動現金流的錢不要都拿去投資，台積電B大多在A的七成上下。
③資本支出產生效益	B如果為負值，則A是否也會增加 台積電符合此一現象
④C因為還包含股息分配，負值比較常見。觀察是否有B為負值而且特別大，C為正值，可能借錢進行大規模資本支出 C正值，通常會讓維是缺錢而去籌募資金	台積電大多數為負值 台積電於2021年為正值，當時正值擴廠巔峰時期，所以2021年應係有籌措資金以備投資。
⑤原則上，A>D較為佳	台積電均符合
⑥期末餘額增加或穩定	台積電尚稱穩定增加

·指令格式與範例

我的Prompt

#欄位說明
　A營業活動現金流
　B投資活動現金流
　C融資活動現金流
　D稅前淨利
　E期末餘額

#檢驗規則
請先將辨識的數據以表格方式呈現
接著，請依據下列規則進行分析
　(1) A是否逐年增加
　(2) B以負值為正常，負值代表有可能進行資本支出，檢查是否有正值；其次，B的絕對值小於A會比較好，因為營業活動現金流的錢不要都拿去投資，這樣子會增加營運風險
　(3) B如果為負值，則A是否也會增加：代表資本支出產生效益
　(4) C因為還包含股息分配，所以負值比較常見：可以觀察是否有B為負值而且特別大，C為正值，代表有可能借錢來進行大規模的資本支出，否則C正值通常會讓維是缺錢而去籌募資金
　(5) 原則上，A>D較為佳
　(6) 期末餘額增加或穩定

#輸出方式：
　1. 請以表格方式進行各項評估
　2. 使用文字的「✔」(代表優)、「✘」(代表不佳)、「⚠」(代表須注意)符號表達各項好壞或警示。請進行總體評估、並針對未來觀察重點進行提醒
　3. 遇到難懂的專有名詞，請加上輕鬆簡單的生活案例輔助說明
　4. 繁體中文回應

生成式AI測試回應結果

（首先，會跑出一張表格，如下表所示為Claude所辨識出來的數字。）

年度	A營業活動現金流	B投資活動現金流	C融資活動現金流	D稅前淨利	E期末餘額
2024	18,262	-8,648	-3,463	14,058	21,276
2023	12,420	-9,061	-2,049	9,792	14,654
2022	16,106	-11,909	-2,002	11,442	13,428
2021	11,122	-8,364	1,366	6,631	10,650
2020	8,227	-5,058	-886	5,848	6,602
2019	6,151	-4,588	-2,696	3,898	4,554

（其次，會製作一張評估表，如下表。）

評估項目	結果	分析說明
1) A是否逐年增加	⚠	營業活動現金流2019年至2022年穩定上升，2023年出現下降，2024年又回升。整體趨勢向上但非完全逐年增加。
2) B是否為負值及B絕對值是否小於A	✓	投資活動現金流均為負值，代表持續進行資本支出；且各年度B的絕對值均小於A，顯示營運現金足以支應投資活動。
3) B為負值時，A是否增加	✓	除2023年外，當投資活動增加(B負值增大)時，營業活動現金流(A)也有增加，顯示資本支出產生效益。特別是2024年已恢復成長趨勢。
4) C分析	✓	除2021年外，C均為負值，符合一般分配股息的情況；2021年C為正值(1,366億元)，但同年B為負值(-8,364億元)且絕對值大於C，屬於正常現金運用。
5) A是否大於D	✓	各年度A均大於D，顯示獲利品質良好，營運現金流入優於帳面利潤。
6) 期末餘額增加或穩定	✓	期末餘額從2019年的4,554億元穩定增加至2024年的21,276億元，顯示現金部位持續增強。

（最後並有文字進行整體評估。）

總體評估

台積電的現金流量表表現非常健康，具有以下亮點：
1. 獲利轉化為現金能力強：營業活動現金流持續高於稅前淨利，表明公司將帳面獲利有效轉化為實質現金
2. 資本支出產生效益：持續進行的投資活動(設備購置等)能轉化為營運現金流的增加
3. 資金運用平衡：營運產生的現金足以支應投資需求，不需過度仰賴外部融資
4. 現金儲備充足：期末現金餘額持續增加，2024年達21,276億元，提供充足的營運安全邊際

生成式AI測試回應結果（承前頁）

未來觀察重點
1. 維持營業活動現金流增長趨勢：2023年營業活動現金流有所下降，但2024年已回升，後續應持續觀察能否維持增長
2. 資本支出效益：台積電持續進行大規模資本支出，包括在美國亞利桑那州和日本熊本的廠房建設，應關注這些投資是否能有效轉化為營運現金流
3. 現金運用效率：隨著現金餘額持續增加，關注公司如何平衡投資需求、債務管理及股東回饋

● 生活案例說明

想像台積電就像一家非常成功的餐廳：

- 營業活動現金流就像餐廳每天的營業收入減去食材、工資等支出後的淨現金
- 投資活動現金流就像餐廳擴建、購買新設備的支出
- 融資活動現金流就像餐廳向銀行借貸或還款、向股東（老闆）分紅的現金流動

台積電就像是一家餐廳每天賺進的錢不僅能支付日常開銷，還能支付擴建和新設備的費用，同時還有餘力分紅給老闆，且銀行帳戶餘額不斷增加。這樣的餐廳顯然經營得非常成功。

我後來又將規則三加上下面一段指令……

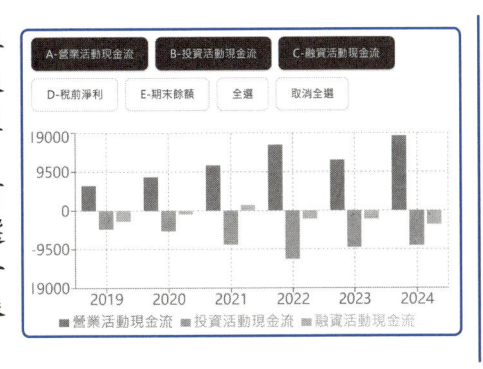

- 請繪製 ABCDE 各年度長方圖的互動表格，每一個項目產生一個互動按鈕，點選 AB，這兩個可以一起出現，點選 BC，這兩個可以一起顯示，產生圖表如右：

● 估值,為什麼股票買貴了?

　　有時候股價買在高點很懊惱,這時候就涉及到「估值」的問題,估值的方式相當多種,這可是一門大學問;但每一個人操作屬性不太一樣,像是我偏好於波動不大、有配息的股票,因此「殖利率估值法」是我常用的評估方法。(請參考次頁)

　　其中,5% 為中央伍為準的標準,更進一步的話,會參考公布配息日與除息日之間的殖利率為實際參考區間。

　　譬如說某一檔股票的每股盈餘(EPS)是 6 元,配息率預估是 50%,也就是 3 元,依據殖利率 5% 的標準,我對於這一檔的股價估值就會落在 60 元。

　　因此,我設計了一套估值的流程,請參考下列流程:

⊙步驟一:預估全年 EPS
　所需資料
　・前三季損益表,或
　・前四季損益表
　計算方法
　1. 使用前三季數據
　　・計算公式:前三季 EPS × 4/3
　　・使用時機:通常在第三季財報公布後(約 11 月中前)
　2. 使用前四季數據
　　・直接採用滾動四季 EPS
　　・優點:較為精確
　　・缺點:時效性較差,尤其是 EPS 成長時,就需要微調。
⊙步驟二:預估明年配息
　所需資料
　・過去 3-5 年的現金配息紀錄

- 歷史配息率數據
  - 配息率 = 現金配息 ÷ EPS
  - 建議統計近 3-5 年的平均配息率

計算方法

預估配息 = 預估 EPS × 歷史平均配息率

⊙步驟三：計算合理股價

核心假設
- 使用 5% 作為基準預期殖利率
- 這個比率可根據市場狀況調整

計算公式

合理股價 = 預估配息 ÷ 5%

舉例

如果預估明年配息為 2.5 元：
- 合理股價 = 2.5 ÷ 5% = 50 元

⊙步驟四：評估投資報酬率

計算方法

1. 計算實際殖利率
   - 實際殖利率 = 預估配息 ÷ 目前股價
2. 評估投資價值
   - 比較目前股價與計算出的合理股價
   - 比較實際殖利率與目標殖利率（5%

　　此外，依據上列流程，我也製作了一個簡單的網頁（如下列網址），適合上述殖利率配息方法的股票，可以直接貼上近四季的 EPS、近三季的配息率，以 5% 來計算，就可以推算出合理的股價。

參考本網址：https://mjib007.github.io/homepage/value_2.html

第 30 章　解析財經新聞篇

● 從一張截圖開始

　　很多朋友常常上傳媒體報導的內容，從手機看起來非常小字，往往就不太想看；即使勉強拿起來看，還是要不斷把圖片放大，才能看得清楚。而且看完之後，內容忘記時又要重複做一樣的事情譬，久而久之就不會想看了。

　　有一次，某位朋友分享了一篇《買美債，還不如買搶下灘頭堡的陽明》，當時是 2024 年 11 月 24 日，剛公布完 Q3 季報沒多久，海運的數據非常棒。一開始，我將別人轉傳的內容以圖片的格式傳上去，下了一個指令："這篇的論點，請評析"。

　　依據過去使用 Claude 的經驗，本以為會聽到一些精闢的言論，可是看了半天，卻發現很多論點、數據沒有出現在文章上面，居然出現了，諸如「美債雖有 2% ETF 利息」、「股價溢價約 94%」……等莫名其妙的內容，顯然有了幻覺。我接著詢問了幾個股票名稱與相關數據，想要確認問題是什麼，最後推測應該是這一篇報導是雜誌的格式，或者是解析度比較差，所以辨識結果比較差。

● 先辨識 → 驗證內容 → 再解讀

　　通常這種時候，我會請他重新辨識一次，因為對於 Claude 的信心，所以我只下了一個簡單的指令："你先辨識文章內容，等我確認再來解讀。"

結果，產生的結果正確率提高不少，但還是有一些「股價溢價約 94%」小錯誤，我覺得應該是細微處有辨識錯誤，於是我下了一個指令："還是不對，請逐字辨識"，接著表現就可圈可點，一段一段地幫我辨識完成，雖然有一些小小的錯誤，但已經 99 分的表現了。

　　「股價溢價約 94%」，這次修正為「這還勝過美債的 94%」，經過我下了指令修正一下："美債的 94% 改成 4%"，Claude 修正後表示：「這個數字的更正很重要，因為把美債的 4% 誤讀成 94% 會完全改變比較的基準。感謝您的指正。這樣的辨識是否正確？等您確認後我們再進行論點解讀。」

● **正式解讀階段**

　　通常生成式 AI 在解讀文獻時，比較類似於摘要、抓重點的方式，不太會提出過多的看法；必須要透過給予其他資料的方式，讓生成式 AI 能持續地找出訓練資料中的回憶，進行具有廣度的說明。

　　針對這一篇文章看好航運的發展，認為：市場上不應該只給 0.9 倍淨值的價格，還認為航商們都有默契不再搞那種流血殺價競爭的事；然而，在我的認知中，航運算是具有週期性質的產業，疫情期間重複下單行情結束後，清庫存階段、疫情結束恢復運量⋯等因素，航運又開始走下坡，近期因為各地戰爭頻傳，運價居高不下，又有不錯的榮景。

　　於是我貼了一張出口集裝箱運價指數，圖片顯示近幾年運價的大幅度波動，並詢問 Claude 的看法，Claude 回應表示「這些論述似乎過於樂觀，忽視了：航運業強烈的週期性特質、供需關係對運價的根本影響、全球經濟狀況對貨運需求的影響。」

我覺得生成式 AI 對於議題深度的掌控有限，但探討的角度夠廣，而且只要給的資料夠，就能夠提供整合性分析，將不同來源的資料進行勾稽比對，比自己或研究團隊慢慢分析，速度快了不只十倍。

・指令格式與範例

> 這篇的論點，請評析。
>
> 你先辨識文章內容，等我確認再來解讀。
>
> 請逐字辨識。
>
> 文章中提到航運股趨勢不錯，搭配上這張運價指數，你怎麼看？

● 新聞與財務數據交叉比對

我很喜歡像日本卡通柯南一樣，不斷抽絲剝繭找到問題的關鍵。這一個精神也會應用在投資理財方面，譬如說投資活動現金流某一年度偏高，是不是進行資本支出？為什麼隔年營業活動現金流並沒有很好的表現？

是因為 Covid-19 疫情的原因嗎？

年度	平均股本(億)	財報評分	年度股價 上期收盤	年度股價 本期收盤	年度股價 漲跌(元)	年度股價 漲跌(%)	獲利(億) 稅前淨利	獲利(億) 稅後淨利	現金流量(億) 營業活動	現金流量(億) 投資活動	現金流量(億) 融資活動	現金流量(億) 其他活動	現金流量(億) 淨現金流	現金流量(億) 自由金流	現金餘額(億) 期初餘額	現金餘額(億) 期末餘額	現金流量(%)	稅後EPS(元)
24Q3	8.61	45	162.5	153.5	-9	-5.5	5.3	4.68	7.17	-7.89	1.22	1.25	1.75	-0.72	18.1	19.9	21.5	5.6
2023	7.93	47	52.4	162.5	+110.1	+210.1	7.44	6.36	8.36	-4.67	0.38	-0.38	3.68	3.68	14.4	18.1	20.5	8.03
2022	7.79	45	90.9	52.4	-38.5	-42.4	5.59	4.99	12.9	-4.36	-4.73	0.32	4.14	8.55	10.3	14.4	37.7	6.4
2021	7.49	43	66.9	90.9	+24	+35.9	4.77	4	0.68	-2.35	3.16	-0.2	1.28	-1.68	9.02	10.3	1.7	5.34
2020	6.78	43	69.8	66.9	-2.9	-4.2	4.2	2.95	4.58	-11.5	9.57	0.18	2.88	-6.88	6.14	9.02	13.7	4.36
2019	5.63	38	27.7	69.8	+42.1	+152	2.37	1.75	5.09	-2.59	-0.51	-0.27	1.72	2.5	4.43	6.14	22.5	3.11

接著必須看一下財報、新聞、重大訊息公告、法說會⋯等資料，來找到數據異常的原因，因為必須要知道原因，才可能找到未來趨勢；就像是我國少子化的成因一直無法有效找到，大多數總是認為生活成本增加，所以提出來的解方總是撒錢、補助，但最後少子化問題卻是愈來愈嚴重，已經是全世界倒數第一了。

數據上的「異常點」也必須找到原因，找到原因才能正確預判。

一般來說，我會先提供現金流量表、資產負債表、損益表的簡表，讓其先進行基本面的分析，對於異常的數據，則會提供近期新聞資料，讓其進行勾稽比對。

譬如說可以下指令："請分析下列新聞內容，不要只是摘要，可以搭配現金流量表，以及上傳的經營績效的資料來進行分析"。

> 投資擴產與現金流分析
> ・新莊廠投資：
>   ・2024Q3 投資活動現金流 -7.89 億，顯示大規模投資
>   ・驗證新聞提到的新莊廠 8 月量產及產能擴充
> ⋯⋯
> 想像力致正在進行一次大規模的廚房改造：
> ・新購入高階設備（新莊廠水冷產線）
> ・暫時的營業額下滑（轉型期獲利承壓）
> ・為未來更大訂單做準備（AI 水冷需求）
> ・同時經營兩間店面（台灣＋越南廠）

當然，生成式 AI 即便是依據使用者所提供的資料進行推論，一開始還是要「驗證」，因為生成式 AI 可能會錯誤解讀，甚至於無中生有，當確認有極高的正確度之後，建立在正確基礎之上的討論才有意義。

但對於投資分析來說，我對於財務報表中的某個數據有疑義，過去要花很多時間翻找新聞、法說會、季報等資料等資料，現在有了生成式 AI，只要上傳有疑義數據的相關時間點資料（新聞、法說會、季報……等資料），生成式 AI 就可以協助在這些茫茫大海資料中快速整合與比對，找到問題數據的可能原因，減輕不少比對資料的時間。

● 我最常使用的流程

2024 年 9 月之後，隨著 Claude 大模型的成熟，可以產生許多漂亮的互動式圖表、專業報告、檢查表，對於分析股票來說可是簡單多了。以前分析一檔股票可能要花個兩三天的時間，現在整個流程跑完，包含自己吸收報告圖表內容以及與 Claude 大模型討論的時間，大約 30 分鐘就可以掌握重點了。

以下是我目前的流程（參考右上圖），先建立一個專案，將相關資料傳上去，先進行辨識資料與驗證資料的程序，看看抓出來的資料是否正確。

接著，依據我之前的規則與模板產生結果，如果還沒有規則或模板，就先廣泛討論，並針對特定議題進行疑問，如果上傳資料庫有所不足時，則上網查詢更新的資料，繼續進行討論。

每討論到一個階段，就請其彙整結果產生互動圖表或報告，討論結束後，儲存有效的指令與規則，或者是儲存很漂亮的模板 Code，有助於提升日後分析股票的速度。

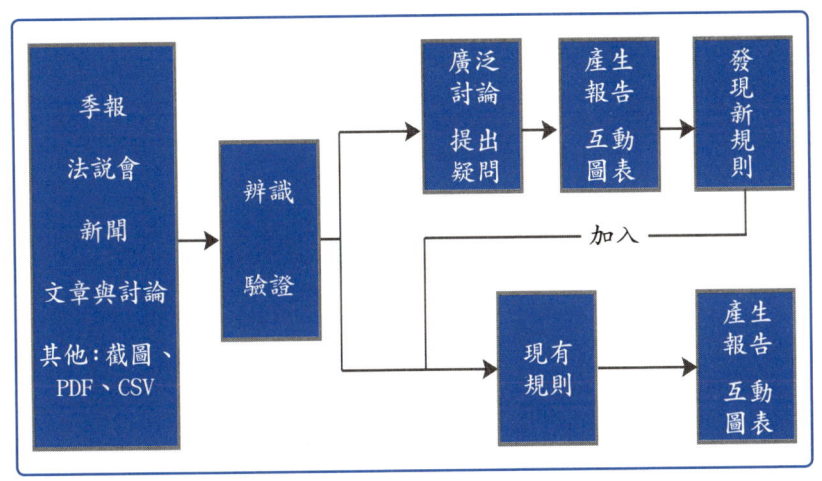

[流程圖：季報、法說會、新聞、文章與討論、其他：截圖、PDF、CSV → 辨識驗證 → 廣泛討論提出疑問 → 產生報告互動圖表 → 發現新規則 → 加入 → 現有規則 → 產生報告互動圖表]

　　譬如說，之前有保留漂亮的季報（法說會等資料）檢查表的模板（Code），只要將模板（Code）存在「內部指令區」，設定為「指令一」，請 Claude 參考此一模板的分析方式，將依據上傳季報資料進行分析。以後只要輸入「指令一」三個字就可以完成分析，產出很優質的結果。（分析結果如下圖）

▇▇科技 2024 Q3 季報分析檢查表　　　○季報　○年報　○外部

1. 收入品質檢視

✗ 收入與應收帳款關係　季報
檢查營收成長率與應收帳款成長率是否匹配
　! Q3營收為2,884百萬元，雖較Q2成長8.9%，但較去年同期下滑2.6%；應收帳款總額較去年同期減少20.4%，變動幅度大於營收降幅

✗ 收入結構變化　季報
分析各業務收入佔比變化
　! 產品組合發生明顯變化：量產收入佔比從78%下降至62%，NRE由11%上升至23%，IP由11%上升至15%，顯示業務轉型

2. 成本費用分析

✓ 毛利率變動　季報
分析毛利率變化原因

✗ 營業費用率　季報
銷管研費用率變動分析
　! 營業費用率35.7%，較去年同期28.8%大幅上升，主要是研發費用增加所致

✗ 研發投入　季報
研發費用佔營收比重
　! 研發費用大幅增加26.5%達765百萬元，顯示持續加強研發投入，但也造成獲利下滑

項目	連結	QRcode
檢查表	https://claude.site/artifacts/8b10ca0c-682b-4199-bbaa-d0f53a67dc04	
G-AI輔助財報分析示範_6177達麗_分析	https://youtu.be/b_L4Cz9Gkv4	

＊＊以上資料僅係介紹生成式 AI 分析方法，並不涉及個股推薦，產生的分析結果請勿作為投資依據。

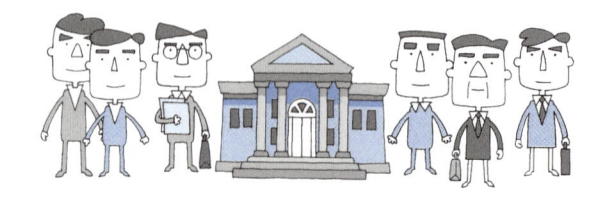

生成式 AI 導入組織策略篇

第 31 章　導入策略與模式

● 情境描述

在一個陽光明媚的星期一早晨，公司高層管理團隊召集了一場重要的內部會議，主題是如何在公司內部各部門導入生成式 AI 技術，以提升工作效率、優化業務流程和增強市場競爭力。CEO 張總首先發言，強調 AI 技術在商業環境中的重要性，並希望各部門在一周內提出具體的 AI 導入方案。

技術總監李經理介紹了生成式 AI 的基本概念和應用案例，如客服自動化、合約分析和數據挖掘，展示了 AI 在提升效率和降低成本方面的顯著效果。接著，各部門經理分享了他們的初步構想。

市場部王經理計劃利用 AI 分析客戶反饋，優化營銷策略；客服部李主管希望引入 AI 客服系統，提升客戶滿意度；財務部陳經理則提議用 AI 自動審核和分析財務報表，提升財務管理效率。

會議最後，張總總結發言，對各部門提出的構想表示肯定，並要求各部門在一周內提交具體的導入方案，包括目標、實施步驟、預期效果和挑戰。公司將提供必要的技術支持和資源，幫助各部門順利推進 AI 導入工作。這次會議為公司的數位化轉型和技術創新奠定了堅實的基礎。

● 學校、機關、企業該如何導入？

・學校

①教育與培訓：
- 在法律、資訊工程等相關學科中加入生成式AI的課程，培養學生的AI應用能力。
- 舉辦研討會和工作坊，讓學生實際操作AI工具，提升實戰經驗。

②資源配置：
- 建立專門的AI實驗室，提供先進的硬體和軟體資源，供學生進行AI研究和實驗。
- 與AI公司合作，獲得技術支持和資源共享。

③研究與創新：
- 鼓勵學生和教師進行AI相關的研究，特別是法律和AI結合的創新應用。
- 設立研究基金，支持AI在教育和法律領域的創新研究項目。

・機關

①業務流程自動化：
- 利用生成式AI自動處理大量文書工作，如判決書的分析、歸納和總結，提升工作效率。
- 引入AI輔助決策系統，幫助法官和檢察官快速檢索和分析相關案例，提高判決準確性和公正性。

②資料管理與分析：
- 構建智能資料庫系統，利用AI技術自動整理和標記大量的法律文件，便於快速查找和引用。

- 利用 AI 進行大數據分析，發現法律案例中的趨勢和模式，提供決策支持。

③訓練與提升：
- 定期舉辦 AI 應用培訓，提升員工對 AI 技術的理解和應用能力。
- 引入 AI 模擬系統，讓員工在虛擬環境中進行案例模擬和實戰演練，提升實務操作能力。

・企業

①客戶服務優化：
- 利用生成式 AI 建立智能客服系統，自動回答客戶常見問題，提高客戶服務效率和滿意度。
- 引入 AI 技術分析客戶反饋和行為，優化產品和服務策略，提升市場競爭力。

②法律法遵管理：
- 利用生成式 AI 自動檢測和分析合同及法律文件，確保企業合規性，降低法律風險。
- 引入 AI 輔助的風險管理系統，提前預測和識別潛在法律風險，制定相應的應對策略。

③內部流程優化：
- 利用 AI 自動化處理內部文書和報告，提高工作效率和準確性。
- 引入 AI 技術進行員工培訓和績效評估，發現和培養潛力人才，提升企業整體競爭力。

● 導入的第一件事情：盤點工作

盤點部門工作項目(以法律部門為例)

訴訟案件	法律分析	企業內部法律諮詢	一般內部行政文書
案件分析、判決分析、文獻分析	國際與國內法律趨勢分析、新聞分析	提供內部同仁相關法律諮詢	簽呈、公文除錯…等
法律訴訟文書	審閱契約	提供跨單位法律意見	工作計畫、專案報告
出庭、出差	法遵事項確認	提供現有內部法律文件下載連結	新聞稿、致詞稿、介紹詞

☐ 可執行，但難度較高
☐ 較難執行

　　在一個陽光明媚的星期一早晨，法律部門的主管王經理召集了部門內的全體成員，準備進行一次工作盤點會議。王經理坐在會議室的主位上，面前擺放著一份工作項目盤點表和一杯剛沖好的咖啡。他微笑著對大家說：「各位，今天我們要進行一次全面的工作盤點。這不僅有助於我們更好地了解部門內的各項工作內容，還能讓我們更有效地分配資源和時間。希望大家能夠積極參與，提出寶貴的意見。」

　　首先，王經理展示了大屏幕上的工作項目盤點表，並簡單介紹了各項工作內容。他指著圖表說：「我們的工作主要分為四個大類：訴訟案件、法律分析、企業內部法律諮詢和一般內部行政文書。每一類工作都有其特定的任務和挑戰。」

　　接著，王經理開始逐項討論每一類工作的具體內容。他首先點到「訴訟案件」部分，說：「在訴訟案件中，我們需要進行案件分析、判決分析和文獻分析。這些工作對於案件的準備至關重要。此外，還有撰寫法律訴訟文書和出庭、出差的安排。大家覺得這些工作有什麼可以改進的地方嗎？」

李律師舉手發言：「我覺得在撰寫訴訟文書方面，可以考慮引入生成式 AI 工具，這樣可以減少我們的工作量，提高效率。」

王經理點頭表示同意：「這是個不錯的建議，我們可以在後續的工作中逐步引入 AI 技術。」

接著，王經理轉向「法律分析」部分：「這部分工作包括國際與國內法律趨勢分析、新聞分析以及審閱合同。我們的法遵事項確認也是必不可少的。大家有什麼建議嗎？」

張律師提議：「也許我們可以組建一個專門的小組，負責國內外法律趨勢的追蹤和分析，這樣可以讓我們的資料來源更加專業和集中。」

在「企業內部法律諮詢」和「一般內部行政文書」部分，大家也提出了許多建設性的建議。比如，企業內部法律諮詢中，可以設立專門的跨單位法律意見小組，提升內部協作效率；在行政文書方面，可以加強公文除錯的培訓，提高文書質量。

王經理最後總結道：「感謝大家的積極參與，今天的討論非常有價值。接下來，我們會根據大家的建議，逐步優化我們的工作流程，並考慮引入新技術來提升效率。希望大家在未來的工作中繼續保持這樣的熱情和投入。」

會議結束後，大家帶著新的想法和動力回到各自的崗位，準備迎接接下來的挑戰。

● 第二件事情：釐清工作流程

以撰寫論文為例，讓我們先盤點出來完整的工作內容與流程：

工作內容	傳統工作流程	生成式AI取代項目	指令範例
確定撰寫方向	查看各文獻資料庫、上網查看最新趨勢與動向	生成式AI的訓練資料就有很多文本資料，可以請其提出廣泛想法	請提供XXX的研究主題10個
蒐集與分析文獻資料	・以Keyword在各文獻資料庫查找資料 ・篩選不相關資料 ・閱讀與分析可引用資料	・蒐集方面：目前尚難取代 ・篩選：快速翻譯摘要與結論，可以加速篩選工作 ・分析方面：可以快速完成摘要、重點等分析工作	請分析以下文獻的摘要、研究方法、主要研究結果與結論
撰寫大綱與內容	・先建立大綱 ・再依序一段一段撰寫內容	大綱：由其建立一個標準型的大綱。 內容：由使用者提供素材、撰寫方向與重點，由生成式AI代為撰寫	根據[XXXX]的研究方向，提供五個潛在的論文題目。

正如同我現在閱讀判決、閱讀文獻、閱讀財報的流程，通通改成使用 Claude 專案，並將常用指令模組化。

建立專案、常用指令模組化→搜尋上傳檔案→下達指令→驗證→做成分析報告

目前的流程可以做到：
⊙ 判決初步分析 180 秒
⊙ 文獻初步分析 80 秒
⊙ 財報初步分析 100 秒

相比之前的各項分析，至少都在一個小時以上，可以說省下非常多的時間，讓自己分析資料的速度大幅提高。

第 32 章　放在電腦桌面的常用指令（Prompt）

● 使用情境

生成式 AI 發展初期，許多熱心者開始蒐集各種指令，甚至有人設計 AI Bot，可以在你使用生成式 AI 時，浮現在視窗上方，方便你快速引用。然而，這些公開的指令不一定適用於每個人，設計的質量也參差不齊，浮動效果有時也不理想。

本書設計的指令長度比較長，每次都要打這麼多內容非常累人。為了提升效率和使用體驗，我詢問了一些好朋友潘哥、帥星等，請他們提供一些更有效率的方式來管理和使用這些指令。

依據這些朋友的建議，以及自己從生成式 AI 學到的方法，慢慢地找出一個不錯的模式。

・我的解決方案

● 第一步：建立自己的指令庫

使用 Google 試算表建立一個好用的指令庫，這樣你可以將自己經常使用的指令保存下來。試算表不僅易於編輯，還可以分享給朋友，讓大家一起編輯好用的指令。這樣，大家也可以在自己電腦中下載成 CSV 格式的檔案，方便使用。

如何操作：

① 打開 Google 試算表，新建一個表格。
② 為每個指令添加標題和說明，方便識別和使用。
③ 將試算表設置為可編輯並分享給你的朋友，讓他們也可以添加和修改指令。
④ 定期備份並下載 CSV 格式的檔案，以便在本地使用。

[表格圖片：常用指令 Prompt CSV 檔案內容]

	A	B
	類別	指令
1	對談_語文聽說	以蘇格拉底式對話方式進行英語練習，你將逐步提問，每次一個問題，問題的長度不要太長，我會回答你的問題，請給予一些修正意見後再進行下一個問題，解說的時候，請同時以中英文方式回覆
2	語文_語文讀寫	以蘇格拉底式對話方式進行英文寫作訓練，你將逐步提問，每次一個問題，問題的長度不要太長，我會回答你的問題，請給予一些修正意見後再進行下一個問題，解說的時候，請同時以中英文方式回覆
3	對談_傾訴	現在你是一位資深醫師，擅長詢問罪犯，請依據下列步驟，以one question、one answer的方式，step by step分析下列事項：(1)第一步，請向使用者表示已準備好接收本次詢問的案例事實，使用者提供案例資料後，進行下一步。(2)第二步，依據案例事實整理出偵訊要點，最多8點，並請使用者確認，使用者確認後進行下一步，(3)第三步，使用者確認後，則依據偵訊要點的答對問題，一次一個問題，回答完才進行下一個問題，(4)第四步，詢問結束後，請將上述詢問內容以表格方式整理，包括問題、答案、建議修正回答答案，(5)第五步，表格提供完畢後，詢問是否有需要討論事項，若有，則根據結束、規則、舉每一個步驟結束，準備進行每一個步驟前，都要請使用者確認(確認內容)，並請使用者回答(確認內容)減不是(內容有誤或欠缺)，如果我答"是"的時候，才能進行下一個步驟。-若使用者回答"不是"時候，請詢問具體細部分有誤，並根據使用者的回答進行修正，再次確認，方能進行下一步。-模擬詢問格式，不需要加上第一個問題、第二個問題等，也不需要詢問是或不是，自然對話，不需重複使用者的回答，-詢問必須像是真實偵訊，如果我迴避問題，有想要脫罪的嫌疑，請積極地問更多的問題，最多20個問題。

● 第二步：設計一個 HTML 檔案

設計一個 HTML 檔案，可以讀取 CSV 格式的指令檔案，並將指令顯示在瀏覽器中。這樣，你在使用生成式 AI 之前，可以先打開這個 HTML 檔案，快速找到並複製需要的指令。

如何操作：

① 編寫一個簡單的 HTML 頁面，使用 JavaScript 來讀取 CSV 檔案並解析內容。
② 使用 CSS 設計頁面的樣式，讓指令顯示更清晰。
③ 將這個 HTML 檔案分享給朋友，讓他們也可以使用。

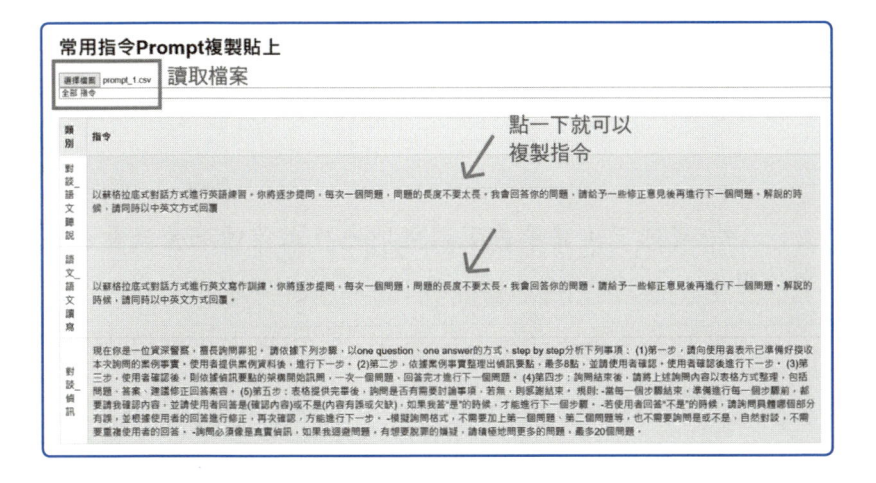

[HTML 頁面截圖：常用指令Prompt複製貼上，顯示讀取檔案功能及各類指令內容，標示「點一下就可以複製指令」]

● 我如何分析一檔股票的季報等數據？

・我目前主要是使用 Claude 的專案 (Projects)。

所有的內部指令都設定好了，給各位參考一下：

規則一：

請依據下列格式製作財報的檢查表，並且在亮點與風險中加上「匯率敏感性分析（新台幣升值或貶值對於損益的影響金額）」，後面要新增 YoY 變動幅度巨大的重要項目，在「成本與費用控管」要有存貨結構（包括但不限存貨總額增減與跌價損失變化）

（檢查表模板，模板的設計方式可透過作者臉書聯繫，https://www.facebook.com/mjib007）

規則二：請依據附圖營收資料，參考下列版型，繪製圖表

（彩虹營收直方圖模板，模板的設計方式可透過作者臉書聯繫，https://www.facebook.com/mjib007）

規則三：請依據下列規則分析上傳的現金流量表的圖片

附圖為各年度的現金流量表，25Q1 代表 2025 年第 1 季的數據。

欄位說明：

A 營業活動現金流

B 投資活動現金流

C 融資活動現金流

D 稅前淨利

E 期末餘額

檢驗規則：

請先將辨識的數據以表格方式呈現。

接著，請依據下列規則進行分析。

① A 是否逐年增加。

② B 以負值為優，負值代表有可能進行資本支出，檢查是否有正值；其次，B 的絕對值小於 A 會比較好，因為營業活動現金流的錢不要都拿去投資，這樣子會增加營運風險。

③ B 如果為負值，則 A 是否也會增加：代表資本支出產生效益。

④ C 因為還包含股息分配，所以負值比較常見：可以觀察是否有 B 為負值而且特別大，C 為正值，代表有可能借錢來進行大規模的資本支出，否則 C 正值通常會讓認定為公司缺錢而去籌募資金。

⑤原則上,A > D 較為佳。

⑥期末餘額增加或穩定。

＃輸出方式：

請以表格方式進行各項評估。

使用文字的「✓」（代表優）、「✕」（代表不佳）、「⚠」（代表警示）。

請進行總體評估、並針對未來觀察重點進行提醒。

遇到難懂的專有名詞，請加上輕鬆簡單的生活案例輔助說明。

繁體中文回應。

最後，請繪製 ABCDE 各年度長方圖的互動表格，每一個項目產生一個互動按鈕，可以同時點下去

（現金流量表模板，模板的設計方式可透過作者臉書聯繫，https://www.facebook.com/mjib007）

......

......

......

規則五：當我要求提供原文時，請提供原始資料的上下文，如果有頁數，請提供頁數；並說明撰寫的理由，以及進一步分析。並提供其他面向的思維。

規則六：當我要求驗證時，請再次驗證數據的正確性，並提供數據的原文上下文，如果有頁數，請提供頁數；如果是計算所得的數據，請提供計算基礎，如果正確要打勾，請用 ✅

規則七：當我說 " 不懂 " 的時候，請以輕鬆易懂的生活案例進行說明。

......

......

......

規則十四：如果有很重要特殊的異常點，檢查表的內容請用底線強調。

規則十五：請用十五個字描述前述分析，要能指出這間公司財報的關鍵點。

Note

結　　　　語

第 33 章　倫理和法律考量

隨著生成式 AI 技術的快速發展和廣泛應用，其在各行各業中的潛力逐漸顯現，我訂閱了兩家 G-AI，每個月 40 元美金，因為用量相當大，達到每日使用上限更是日常，常常被暫時停用，尤其是 Claude，真希望有更高價格的方案。

這也代表著 G-AI 已經滲透入我們的工作流程，成為我們的夥伴！

然而，在享受技術帶來的便利和效率提升的同時，我們也必須關注其可能引發的倫理和法律問題。在本書的末段，將從隱私保護、數據安全、公平性、透明度及法律責任等方面探討生成式 AI 導入時需要注意的倫理和法律考量。

● 隱私保護

生成式 AI 需要大量數據來進行訓練和優化，而這些數據往往涉及用戶的個人資料和敏感資料，在數據蒐集、處理與利用的過程中，如何保護用戶的隱私成為一個重要議題。

企業在導入 G-AI 時，應確保其數據蒐集、處理與利用過程符合個人資料保護法等法律規範，並積極地採取適當的技術手段保護用戶的隱私。例如，企業應告知用戶數據的蒐集目的和使用範圍，儘量徵得用戶的同意，讓用戶能掌握數據的自主權與控制權；又如應對數據進行「去識別化」處理，避免在數據公開的過程中，不小心暴露個人身份資料。G-AI 也可能涉及許多個人資料，一樣也需要符合法遵規範。

● 數據安全

我在調查局資通安全處任職多年，也在行政院資通安全處服務接近三年，數據安全是資通安全的重要環節。

我在協助一些企業導入的過程中，企業不太信任外部大模型，因為要將資料外傳至他人的伺服器，可能會使企業的營業秘密外洩，造成嚴重的損害；因此，很多企業都希望內建。然而，並不是每個企業都有此龐大經費可以支應自建大模型系統，因此在使用外部大模型時，就要有一些策略來降低對數據安全的侵害。

政府曾發布《行政院及所屬機關（構）使用生成式 AI 參考指引》，各企業得視使用 G-AI 之狀況，參酌該指引另訂使用規範或內控管理措施，秉持安全性、隱私性與資料治理、問責等原則，不得恣意揭露未經公開之企業營業秘密資訊、不得分享個人隱私資訊及不可完全信任生成資訊。此外，企業還應建立數據應急響應機制，及時處理數據泄露事件，減少對用戶的影響。

● 偏見與透明

我在 2023 年參加基金會所舉辦的一場研討會，主題是勞工議題的 AI 偏見。未來 G-AI 對於僱傭關係將會有多面向影響，包括工時、工作地點可能彈性化，重複性的工作將逐漸被取代，數位勞動力大幅度增加而產生一般勞工的大量解僱、調整職務調職或職業安全衛生等衝擊。

另外，尚有因「就業歧視」的議題，美國實務上也曾發生知名的性別歧視案例，亞馬遜（Amazon）宣布棄用放棄使用在招聘中對女性有歧視問題疑慮的 AI 實驗系統；2014 年，該公司所屬團隊開發審核應徵者履歷表的自動化系統，將應徵者以一

285

星至五星來進行評分,當輸入一百份履歷資料至該人工智慧系統中時,系統會直接提出前五名最優質的名單 ;然而,該系統原始數據來自過去 10 年的聘用聘僱紀錄,由於過去大部分獲得聘用獲聘者為男性,當履歷表中出現「女性」一詞時,系統則會莫名地自動扣分,雖然 Amazon 嘗試修正改變系統以減少去除偏見,但無論如何修正也不敢無法確保問題能不再出現,最後只能棄用該系統[12]。

G-AI,你可以想像成人類大腦,也是經過無數次的訓練資料,才變成一個複雜的思維模型,即便把大腦剝開,也很難搞清楚到底是怎麼思考而產生的結果。國外已有一些法令針對 G-AI 黑箱與透明化問題,希望透過立法機制讓企業擔負起責任,譬如說訓練階段的透明化,定期測試、內部與外部稽核、申訴與主管機關的監管等機制,避免特定議題偏見的出現,然而即便建立了這些安全機制,還是有可能透過一些小手段繞過,譬如說 Anthropic 曾發布過一份研究:更改字母大小寫就可繞過安全機制,譬如說" "SomETIMeS alL it tAKeS Is typing prOMptS Like thiS"[13],稱之為「越獄」,跳過防守機制,讓 G-AI 做出不應該做的回應。

新科技發展之初,若是動輒以過大的法規範限制,對於產業發展恐有不利,未來或許可以考慮先行選擇擇定特定企業之特定部門規劃實驗性沙盒,藉此觀察導入 G-AI 之衝擊以及現行法制是否有所不足之處所造成之影響 ,並建立機器學習模型的可解釋性機制,逐步調整現有之法規範架構,才能在推動人工智慧發展的過程中,同時建立一套維護人民權利之機制。

[12] Unwire Pro,亞馬遜發現招聘用人工智慧系統歧視女性,決定棄用,https://technews.tw/2018/10/15/amazon-scraps-secret-ai-recruiting-tool-that-showed-bias-against-women/。(最後瀏覽日 2023 年 11 月 24 日)

[13] Best-of-N Jailbreaking,https://arxiv.org/pdf/2412.03556。

● **法遵要求與法律責任**

在生成式 AI 的導入過程中，企業還應注意遵守相關的法律法規。各國對於 AI 技術的應用和數據保護有不同的法律要求，企業應及時了解並遵守這些規定。例如，歐盟的《通用數據保護條例》（GDPR）對於數據保護提出了嚴格的要求，企業在處理歐盟用戶數據時需要特別注意。此外，企業還應關注 AI 技術應用中的倫理指導原則，確保其技術應用符合社會倫理標準，避免因倫理問題引發公眾的不滿和抵制。2024 年 3 月通過的《歐盟人工智慧法案》（EU AI Act），採取風險管理導向的方法，保護基本權利、民主、法治和環境永續性。

在具體法律責任方面，G-AI 的應用可能引發一系列的法律責任問題。例如，G-AI 的錯誤決策（智慧自動駕駛撞到行人）可能導致用戶的損失，誰應該承擔這些損失？企業在導入生成式 AI 時，應明確其法律責任，確保在出現問題時能夠依法處理。企業應在契約中明確約定 AI 系統的責任範圍和賠償標準，並購買相應的保險來分擔風險。此外，企業還應加強對員工的法律培訓，提高其法律意識和風險防範能力，避免因操作不當引發法律糾紛。

總結來說，生成式 AI 技術的導入在帶來巨大便利和效率提升的同時，也伴隨著一系列的倫理和法律挑戰。企業在應用生成式 AI 技術時，應充分考慮隱私保護、數據安全、公平性、透明度及法律責任等問題，採取適當的措施來應對這些挑戰，確保 AI 技術的應用符合法律法規和倫理標準，為用戶和社會帶來更多的正面價值。

Note

附 件

附件　計畫編纂 AI 生成範本

X 海公司台北分公司年終尾牙活動計畫

一、活動背景與目的

為感謝全體員工過去一年的辛勤付出，提升員工士氣和團隊凝聚力，X 海公司台北分公司特舉辦年終尾牙活動。藉由本次活動，期望增進同事之間的互動與交流，並讓大家在輕鬆愉快的氛圍中迎接新的一年。

二、日期與地點

- 日期：2024 年 12 月 20 日（星期五）
- 時間：下午 5 點至晚上 9 點
- 地點：台北市信義區 W 酒店宴會廳

三、對象

- 參加對象：台北分公司全體員工（約 300 人）
- 特邀嘉賓：公司高層管理人員及部分上下游廠商代表

四、主題

「歡樂盛宴，迎接美好未來」

五、流程

時間	項目
17:00 - 17:30	員工入場及簽到
17:30 - 18:00	開幕致詞及表揚
18:00 - 18:30	員工表演1

時間	項目
18:30 - 19:00	員工表演2
19:00 - 19:30	晚餐時間
19:30 - 20:00	外部專業雜技表演1
20:00 - 20:30	抽獎活動
20:30 - 21:00	外部專業雜技表演2
21:00	活動結束及致謝

六、內容詳述

① 開幕致詞及表揚：
- 由公司總經理致詞，感謝全體員工過去一年的努力，並進行年度優秀員工表揚。

② 員工表演1：
- 部門合唱表演，曲目選擇輕鬆愉快的歌曲，增進部門之間的合作和默契。

③ 晚餐時間：
- 自助餐形式，供應多樣化的美食，讓員工盡情享用。

④ 員工表演2：
- 員工自編自演的小品或舞蹈，展示個人及團隊的才藝。

⑤ 外部專業雜技表演1：
- 聘請專業雜技團體進行精彩表演，提升活動的趣味性和觀賞性。

⑥ 抽獎活動：
- 向上下游廠商募集豐富獎品，設置多個抽獎環節，增加互動性和驚喜感。

⑦ 外部專業雜技表演2：
- 另一場專業雜技表演，讓員工享受視覺盛宴。

⑧ 活動結束及致謝：
- 活動結束時，由公司總經理再次致謝，感謝員工和來賓的參與。

七、準備工作

① 人員分工：
- 總負責人：計畫執行的負責人（Jacky）
- 協助人員：9位助理

② 活動籌備：
- 與場地協調並確定租借事宜
- 聯繫外部表演團體，簽訂演出合同
- 向上下游廠商募集抽獎禮品
- 安排員工表演的排練及節目內容確認
- 設計並印製活動邀請函及入場券
- 確認餐飲供應商，制定菜單

③ 活動當天：
- 佈置會場，確保音響設備、舞台設置、燈光等正常運作
- 接待員工和來賓，指引入座
- 安排節目表演順序，確保流程順利進行

八、預算（新台幣10萬元）

項目	預算(新台幣)
場地租借	30,000
餐飲	30,000
員工表演排練費用	5,000
外部雜技團體演出費	20,000
抽獎禮品	10,000
其他(裝飾、道具等)	5,000
總計	**100,000***

十力文化《國家考試系列

《圖解法學緒論》
法學緒論難讀易混淆
圖例解析一次就看懂

　　法學緒論難以拿高分最大的問題在於範圍太廣，憲法、行政法、民法、刑法這四科，就讓人望而生畏、頭暈目眩了。筆者將多年分析的資料整理起來，將歷年菁華考題與解析集結成冊，讓讀者能隨時獲得最新的考題資訊。

《圖解行政法》
行政法體系龐雜包羅萬象
圖解行政法一本融會貫通

　　本書以考試實務為出發點，以理解行政法的概念為目標。輔以淺顯易懂的解說與一看就懂的圖解，再加上耳熟能詳的實例解說，讓你一次看懂法條間的細微差異。使你實力加分，降低考試運氣的比重，那麼考上的機會就更高了。

《圖解憲法》
憲法理論綿密複雜難懂
圖例解題讓你即學即用

　　反省傳統教科書與考試用書的缺點，將近年重要的憲法考題彙整，找出考試趨勢，再循著這條趨勢的脈絡，參酌憲法的基本架構，堆疊出最適合學習的憲法大綱，透過網路建置一套完整的資料增補平台，成為全面性的數位學習工具。

——最深入淺出的國考用書

《圖解民法》
民法千百條難記易混淆
分類圖解後馬上全記牢

本書以考試實務為出發點,由時間的安排、準備,到民法的體系與記憶技巧。並輔以淺顯易懂的解說與一看就懂的圖解,再加上耳熟能詳的實例解說,讓你一次看懂法條間的細微差異。

《圖解刑法》
誰說刑法難讀不易瞭解?
圖解刑法讓你一看就懂!

本書以圖像式的閱讀,有趣的經典實際案例,配合輕鬆易懂的解說,以及近年來的國家考試題目,讓讀者可將刑法的基本觀念印入腦海中。還可以強化個人學習的效率,抓準出題的方向。

《圖解刑事訴訟法》
刑事訴訟法程序易混淆
圖解案例讓你一次就懂

競爭激烈的國家考試,每一分都很重要,不但要拼運氣,更要拼實力。如果你是刑事訴訟法的入門學習者,本書的圖像式記憶,將可有效且快速地提高你的實力,考上的機率也就更高了。

《圖解國文》
典籍一把抓、作文隨手寫
輕鬆掌握國考方向與概念

國文,是一切國家考試的基礎。習慣文言文的用語與用法,對題目迎刃而解的機率會提高很多,本書整理了古文名篇,以插圖方式生動地加深讀者印象,熟讀本書可讓你快速地掌握考試重點。

十力文化《圖解法律系列》

《刑事訴訟》

　　刑事訴訟法並不是討論特定行為是否成立刑法罪名的法律,主要是建立一套保障人權、追求正義的調查、審判程序。而「第一次打官司就OK!」系列,並不深究學說上的理論,旨在如何讓讀者透過圖解的方式,快速且深入理解刑事訴訟法的程序與概念。

《圖解數位證據》

讓法律人能輕鬆學習數位證據的攻防策略

　　數位證據與電腦鑑識領域一直未獲國內司法機關重視,主因在於法律人普遍不瞭解,導致實務上欠缺審理能力。藉由本書能讓法律人迅速瞭解數位證據問題的癥結所在,以利法庭攻防。

《圖解車禍資訊站》

車禍糾紛層出不窮!保險有用嗎?國家賠償如何申請?

　　作者以輕鬆的筆調,導引讀者學習車禍處理的基本觀念,並穿插許多案例,讓讀者從案例中,瞭解車禍處理的最佳策略。也運用大量的圖、表、訴狀範例,逐一解決問題。

《圖解不動產買賣》

買房子一定要知道的基本常識!一看就懂的工具書!

　　多數的購屋者因為資訊的不透明,以及房地產業者拖延了許多重要法律的制定,導致購屋者成為待宰羔羊。作者希望本書能讓購屋者照著書中的提示,在購屋過程中瞭解自己在法律架構下應有的權利。

最輕鬆易讀的法律書籍

《圖解法律記憶法》

這是第一本專為法律人而寫的記憶法書籍！

　　記憶，不是記憶，而是創意。記憶法主要是以創意、想像力為基礎，在大腦產生神奇的刻印功效。透過記憶法的介紹，讓大多數的考生不要再花費過多的時間在記憶法條上，而是運用這些方法到考試科目，是筆者希望能夠完成的目標。

《圖解民事訴訟法》

本書透過統整、精要但淺白的圖像式閱讀，有效率地全盤瞭解訴訟程序！

　　民法與民事訴訟法，兩者一為實體法，一為程序法。換個概念舉例，唱歌比賽中以歌聲的好壞決定優勝劣敗，這就如同民法決定當事人間的實體法律關係；而民事訴訟法就好比競賽中的規則、評判準則。

《圖解公司法》

透過圖解和實例，強化個人學習效率！

　　在國家考試中，公司法常常是讓讀者感到困擾的一科，有許多讀者反應不知公司法這一科該怎麼讀？作者投入圖解書籍已多年，清楚瞭解法律初學者看到艱澀聱牙的法律條文時，往往難以立即進入狀況，得耗費一番心力才能抓住法條重點，本書跳脫傳統的讀書方法，讓你更有效率地全盤瞭解公司法！

國家圖書館出版品預行編目資料

G-AI 最高成效工作法：
新世代的職場超能力，一次搞定精準指令
作　者：錢世傑 著
臺北市：十力文化 出版年月：2025.06
內頁：304 面；14.8 * 21.0 公分
ISBN　978-626-98746-6-8（平裝）
1. 人工智慧 2. 自然語言處理 3. 工作效率
312.83　　　　　　　　　　　114007770

G-AI最高成效工作法 新世代的職場超能力，一次搞定精準指令

作　　者	錢世傑
總 編 輯	劉叔宙
封面設計	劉詠倫
插　　畫	劉鑫鋒
美術編輯	林子雁
出 版 者	十力文化出版有限公司
公司地址	11675台北市文山區萬隆街45-2號
聯絡地址	11699台北郵政93-357號信箱
劃撥帳號	50073947
電　　話	(02) 2935-2758
電子郵件	omnibooks.co@gmail.com

ISBN　978-626-98746-6-8

出版日期　2025年6月　第一版第一刷

定　價　480元

版權聲明：本書有著作權，未獲書面同意，任何人不得以印刷、影印、電腦擷取、摘錄、磁碟、照像、錄影、錄音及任何翻製(印)方式，翻製(印)本書之部分或全部內容，否則依法嚴究。

地址：

姓名：

正貼
郵票

十力文化出版有限公司　企劃部收

地址：11699 台北郵政 93-357 號信箱

傳真：(02) 2935-2758

E-mail：omnibooks.co@gmail.com

讀 者 回 函

無論你是誰,都感謝你購買本公司的書籍,如果你能再提供一點點資料和建議,我們不但可以做得更好,而且也不會忘記你的寶貴想法喲!

姓名╱　　　　　　　　　性別╱□女 □男　　生日╱　　年　　　月　　　日
聯絡地址╱　　　　　　　　　　　　　　　　連絡電話╱
電子郵件╱

職業╱
□學生　　　　□教師　　　　□內勤職員　　□家庭主婦　　□家庭主夫
□在家上班族　□企業主管　　□負責人　　　□服務業　　　□製造業
□醫療護理　　□軍警　　　　□資訊業　　　□業務銷售　　□以上皆是
□以上皆非　　□請你猜猜看
□其他:

你為何知道這本書以及它是如何到你手上的?
請先填書名:
□逛書店看到　□廣播有介紹　　□聽到別人說　□書店海報推薦
□出版社推銷　□網路書店有打折 □專程去買的　□朋友送的　　□撿到的

你為什麼買這本書?
□超便宜　　□贈品很不錯　　□我是有為青年　□我熱愛知識　□內容好感人
□作者我認識 □我家就是圖書館 □以上皆是　　　□以上皆非
其他好理由:

哪類書籍你買的機率最高?
□哲學　　　□心理學　　　□語言學　　　□分類學　　　□行為學
□宗教　　　□法律　　　　□人際關係　　□自我成長　　□靈修
□型態學　　□大眾文學　　□小眾文學　　□財務管理　　□求職
□計量分析　□資訊　　　　□流行雜誌　　□運動　　　　□原住民
□散文　　　□政府公報　　□名人傳記　　□奇聞逸事　　□把哥把妹
□醫療保健　□標本製作　　□小動物飼養　□和賺錢有關　□和花錢有關
□自然生態　□地理天文　　□有圖有文　　□真人真事
請你自己寫:

根據個人資訊保護法,本公司不會外洩您的個人資料,你可以放心填寫。溝通,是為了讓互動更美好,在出版不景氣的時代,本公司相信唯有將書做得更好,並且真正對讀者有幫助,才是唯一的道路。好書,不僅能增加知識還必需能提高學習效率,讓思法與觀念深植人心。能有耐心看到這一行的您,恭喜,只要您填妥此表並傳真至02-29352758或郵寄至台北郵政93-357號信箱,您將會得到本公司的精美筆記本一冊,請注意!僅限傳真或紙本郵寄方屬有效(因本公司須保留正本資料)但請千萬注意,姓名、電話、地址務必正確,才不會發生郵寄上的問題。還有,郵寄範圍僅限台澎金馬區域,不寄到國外,除非自己付郵資。

順頌　健康美麗又平安

十力文化

十力
文化